岩波講座　基礎数学

# 1階偏微分方程式

**監修**

小平邦彦

**編集**

岩堀長慶
河田敬義
*藤田　宏
*小松彦三郎
田村一郎
服部晶夫
飯高　茂

岩波講座　基礎数学

解 析 学(II) iii

# 1階偏微分方程式

大 島 利 雄
小 松 彦 三 郎

岩 波 書 店

# 目　　次

# 序　　論

独立変数 $x_1, \cdots, x_n$, 未知関数 $u_1, \cdots, u_N$ およびそれらの導関数 $\partial^{\alpha_1+\cdots+\alpha_n}u_j/\partial x_1^{\alpha_1}\cdots\partial x_n^{\alpha_n}$ を含む式のいくつかを 0 と等しいとおいて得られる方程式

$$(0.1)\qquad F_k\left(x_1, \cdots, x_n, u_1, \cdots, u_N, \frac{\partial u_1}{\partial x_1}, \cdots, \frac{\partial^{\alpha_1+\cdots+\alpha_n}u_j}{\partial x_1^{\alpha_1}\cdots\partial x_n^{\alpha_n}}, \cdots\right) = 0 \qquad (k=1, 2, \cdots, M)$$

を**微分方程式**という．独立変数の個数 $n=1$ のときは**常微分方程式**，$n>1$ のときは**偏微分方程式**という．未知関数の個数 $N$ および方程式の個数 $M$ が共に 1 のときは**単独方程式**，それ以外のときは**方程式系**または**連立方程式**というのがならわしである．方程式 (0.1) に含まれる導関数の階数 $|\alpha|=\alpha_1+\cdots+\alpha_n$ の最大を方程式の**階数**という．

微分方程式 (0.1) の**解**とは独立変数 $x_1, \cdots, x_n$ の関数の組 $u_1(x_1, \cdots, x_n), \cdots, u_N(x_1, \cdots, x_n)$ であって，これらおよびこれらの導関数を (0.1) の左辺に代入して得られる $x_1, \cdots, x_n$ の関数が恒等的に 0 になるものをいう．古典的には，関数 $u_1, \cdots, u_N$ は方程式の階数だけ微分可能と仮定するが，もっと一般の関数および超関数を解として許すことがある．このときは当然，導関数の意味およびそれらを (0.1) に代入して得られる関数の意味を拡張しておかなければならない．

一般には，(0.1) の外にいくつかの附帯条件を附し，それらの条件を満たす解を考える．附帯条件として重要なものは，**初期条件**すなわち，独立変数の中に時間の意味をもつもの $t$ があり，初期面 $t=0$ において，未知関数およびそれらの導関数が指定した既知関数に等しいという条件：

$$(0.2)\qquad \left.\frac{\partial^l u_j}{\partial t^l}\right|_{t=0} = w_{j,l}\,;$$

**境界条件**すなわち，独立変数の組 $(x_1, \cdots, x_n)$ の動く領域 $\Omega$ が定められており，その境界 $\partial\Omega$ において未知関数および導関数の 1 次結合が指定した既知関数に等しいという条件：

$$(0.3)\qquad B_l(x, \partial/\partial x)u_j|_{\partial\Omega} = w_{j,l}$$

およびこれらを組合せたものである．ここで，$B_l$ は問題に応じた微分作用素であり，必要とされる条件の個数も問題に応じて異なる．

方程式 (0.1) は，関数 $F_k$ が未知関数 $u_j$ およびその導関数 $\partial^{|\alpha|}u_j/\partial x_1^{\alpha_1}\cdots\partial x_n^{\alpha_n}$ に関して線型であるとき，**線型**であるという．特に $F_k$ が斉次線型であるときは，解 $(u_1, \cdots, u_N)$ 全体が線型空間をなす．斉次でない場合も，一般の解を一つの特殊な解と斉次方程式の一般の解の和として表わすことができる．線型の附帯条件がついている場合も同様である．

これより弱く，$F_k$ が，方程式の階数 $m$ に等しい階数の導関数 $\partial^{|\alpha|}u_j/\partial x_1^{\alpha_1}\cdots\partial x_n^{\alpha_n}$，$|\alpha|=m$，に関して線型であるとき，方程式 (0.1) を**準線型**という．

最も簡単な微分方程式は

$$\frac{du}{dx} = f(x) \tag{0.4}$$

である．$f(x)$ が連続関数ならば，この解は不定積分

$$u(x) = \int f(x)dx + C \tag{0.5}$$

によって与えられる．これによって (0.4) の解がつくされることも容易にたしかめられる．

この意味で，(0.4) に帰着させる微分方程式の解法を**求積法**という．(この言葉は，しかし，もっと広い意味で用いられることがあり，そのときはほとんど微分方程式を解くことと同義である.) 変数分離形の常微分方程式

$$\frac{du}{dx} = \frac{f(x)}{g(u)} \tag{0.6}$$

などは求積法をもつ．しかしながら常微分方程式に限っても，一般に求積法のみで解くことは不可能であることが知られている．

微分方程式の次の一般的な解法は，常微分方程式の解に対する **Cauchy の存在定理**に基礎をおくものである．便宜上 $t$ を独立変数，$x_1, \cdots, x_n$ を未知関数とする．$f_i(t, x_1, \cdots, x_n)$ $(i=1, \cdots, n)$ を $(t^0, x_1{}^0, \cdots, x_n{}^0)$ の近傍で $C^l$ 級の関数としたとき，Cauchy の定理は次のことを主張している：$l \geqq 1$ ならば，常微分方程式系

$$\frac{dx_i}{dt} = f_i(t, x_1, \cdots, x_n) \qquad (i=1, \cdots, n) \tag{0.7}$$

には，$t=t^0$ の近傍において，初期条件

$$x_i(t^0) = x_i^{\,0} \qquad (i=1, \cdots, n) \tag{0.8}$$

を満たす解 $(x_1(t), \cdots, x_n(t))$ がただ一つ存在する．この解は $t$ および $x_1^{\,0}, \cdots, x_n^{\,0}$ に関して $C^{l+1}$ 級である．

特に常微分方程式系 (0.7) の $t=t^0$ の近傍での解と初期値である $n$ 個の定数 $(x_1^{\,0}, \cdots, x_n^{\,0})$ の間には 1 対 1 の対応がつく．

この分冊では，この定理から解の存在が導ける範囲で偏微分方程式論を展開する．その限界はおよそ未知関数の個数が 1 である 1 階偏微分方程式系である．実はある種の 2 独立変数高階方程式も同じ方法で扱えるのであるが，それについては松田 [6] [1] およびそこで言及されている垣江邦夫の最近の論文にゆずる．

準線型の 1 階単独方程式

$$\sum_{i=1}^{n} a_i(x_1, \cdots, x_n, u)\frac{\partial u}{\partial x_i} = a(x_1, \cdots, x_n, u) \tag{0.9}$$

を解くことと，常微分方程式系

$$\begin{cases} \dfrac{dx_i(t)}{dt} = a_i(x_1, \cdots, x_n, u) \qquad (i=1, \cdots, n), \\[2mm] \dfrac{du(t)}{dt} = a(x_1, \cdots, x_n, u) \end{cases} \tag{0.10}$$

を解くことが同等であることは見やすい．実際，(0.9) は $(x_1, \cdots, x_n, u)$ 空間における超曲面 $S: u=u(x_1, \cdots, x_n)$ の方向余弦がベクトル $(a_1, \cdots, a_n, a)$ に直交することを意味する．これは $S$ の各点において**特性ベクトル場** $(a_1, \cdots, a_n, a)$ が $S$ に接することと同等である．したがって，(0.10) を解いて得られる**特性曲線** $(x_1(t), \cdots, x_n(t), u(t))$ の 1 点が $S$ に属すれば，すべての点が $S$ に属する．特性ベクトル場と接しないように初期曲面をとって考えれば，任意の**積分曲面** $S: u=u(x_1, \cdots, x_n)$ は $(n-1)$ 個のパラメータをもつ特性曲線の族で覆われることがわかる．逆に，このような族で覆われている超曲面は積分曲面である．

特に，(0.9) の初期値問題

$$u(x_1, \cdots, x_{n-1}, x_n^{\,0}) = w(x_1, \cdots, x_{n-1}) \tag{0.11}$$

は次のようにして解くことができる．初期面 $x_n=x_n^{\,0}$ が特性ベクトル場と接し

1)　本講末に掲げた参考書参照．以下同じ．

ないための条件

$$a_n(x_1, \cdots, x_{n-1}, x_n{}^0, w(x_1, \cdots, x_{n-1})) \neq 0 \tag{0.12}$$

がみたされていると仮定する．このとき，(0.10) を初期条件

$$\begin{cases} x_i(0) = y_i & (i=1, \cdots, n-1), \\ x_n(0) = x_n{}^0, \\ u(0) = w(y_1, \cdots, y_{n-1}) \end{cases}$$

の下で解いて得られる解を $(x_i(y_1, \cdots, y_{n-1}; t),\ u(y_1, \cdots, y_{n-1}; t))$ とする．(0.12) により関数行列式 $\partial(x_1, \cdots, x_n)/\partial(y_1, \cdots, y_{n-1}, t)$ は初期面 $x_n = x_n{}^0$ の近傍で 0 でない．したがって，$(y_1, \cdots, y_{n-1}, t)$ を $(x_1, \cdots, x_n)$ の関数として表わすことができる．こうして $u$ を $(x_1, \cdots, x_n)$ の関数として表わしたものが求める解となり，初期面の近傍でこれ以外の解はない．

この結果，(0.9) の一般の解は $(n-1)$ 変数の任意の関数 $w(x_1, \cdots, x_{n-1})$ をパラメータとして決まることがわかる．

逆に，任意の特性曲線は適当に $n-1$ 個の積分曲面をとって，それらの共通部分として表わすことができる．

陰関数

$$\phi(x_1, \cdots, x_n, u) = c$$

が右辺の定数 $c$ にかかわらず，(0.9) の解を与えるとき，関数 $\phi$ を (0.10) の**積分**または**第 1 積分**という．(0.10) が求積法で解けるときには，$\phi$ は実際積分で表わされ，$c$ は積分定数になるからである．もし独立な $(n-1)$ 個の積分 $\phi_i$ が見つかれば，連立方程式

$$\phi_i(x_1, \cdots, x_n, u) = c_i \qquad (i=1, \cdots, n-1)$$

を解いて，(0.10) の一般解を得ることができる．ただし，パラメータ $t$ に関する依存性は無視する．

一般の非線型 1 階偏微分方程式

$$F\left(x_1, \cdots, x_n, u, \frac{\partial u}{\partial x_1}, \cdots, \frac{\partial u}{\partial x_n}\right) = 0 \tag{0.13}$$

の場合は，線型の場合ほど簡単ではないが，$p_i = \partial u/\partial x_i$ も独立変数とみなして (0.10) を

$$
(0.14)\quad
\begin{cases}
\dfrac{dx_i}{dt} = \dfrac{\partial F}{\partial p_i} & (i=1, \cdots, n), \\[2mm]
\dfrac{du}{dt} = \displaystyle\sum_{i=1}^{n} p_i \dfrac{\partial F}{\partial p_i}, & \\[2mm]
\dfrac{dp_i}{dt} = -\left(p_i \dfrac{\partial F}{\partial u} + \dfrac{\partial F}{\partial x_i}\right) & (i=1, \cdots, n)
\end{cases}
$$

におきかえれば，同様の結論が得られる．

(0.14) の解 $(x_1(t), \cdots, x_n(t), u(t), p_1(t), \cdots, p_n(t))$ で $F=0$ を満たすものを，方程式 (0.13) の**特性帯**という．(0.14) より直ちに $dF/dt=0$ が得られるから (0.14) の積分曲線はその中の1点で $F=0$ を満たせば，いたるところ $F=0$ を満たすことに注意する．これを特性帯というのは，特性曲線 $(x_1(t), \cdots, x_n(t), u(t))$ の各点に $(p_1(t), \cdots, p_n(t))$ を法線成分とする接平面を附した無限小の帯とみなすからである．

$u(x_1, \cdots, x_n)$ が (0.13) の解であるとき，$(x_1, \cdots, x_n, u, p_1, \cdots, p_n)$ 空間における $n$ 次元の超曲面 $S: u=u(x_1, \cdots, x_n)$，$p_i=\partial u(x_1, \cdots, x_n)/\partial x_i$ を考える．もし一つの特性帯が $S$ と共通の要素すなわち $(x_1, \cdots, x_n, u, p_1, \cdots, p_n)$ をもてば，この特性帯は全部 $S$ に含まれる．そして，$S$ は $(n-1)$ 個のパラメータをもつ特性帯の族で覆われることが示される．

逆に，(0.14) で定義される特性ベクトル場と接しないように，$(n-1)$ 次元の初期面 $C: x=x(s_1, \cdots, s_{n-1})$，$u=u(s_1, \cdots, s_{n-1})$，$p=p(s_1, \cdots, s_{n-1})$，が与えられており，**成帯条件**

$$
(0.15)\qquad du = \sum_{i=1}^{n} p_i dx_i
$$

および

$$
(0.16)\qquad F(x_1, \cdots, x_n, u, p_1, \cdots, p_n) = 0
$$

を満たしているとする．ただし，全微分方程式 (0.15) は今の場合

$$
\frac{\partial u}{\partial s_j} = \sum_{i=1}^{n} p_i \frac{\partial x_i}{\partial s_j} \qquad (j=1, \cdots, n-1)
$$

を意味する．このとき，$C$ の各要素を初期値とするパラメータ $s_j$ をもつ特性帯全体はやはり (0.15) および (0.16) を満たす $n$ 次元曲面 $S$ をなす．$S$ 上 $(x_1, \cdots, x_n)$ を独立変数に選べば，$u=u(x_1, \cdots, x_n)$ は (0.13) の解となり，$p_i=\partial u/\partial x_i$ が成立

する．

$(x_1, \cdots, x_n)$ 空間における初期面 $x_n = x_n{}^0$ および初期値 $u|_{x_n = x_n{}^0} = w(x_1, \cdots, x_{n-1})$ が与えられたとき，$p_i = \partial w / \partial x_i$ $(i=1, \cdots, n-1)$ とすれば (0.15) が満たされる．さらに，(0.16) を解いて $p_n$ を定めれば，上の条件をすべて満たした $C$ が得られる．したがって，上の方法で (0.13) に対する初期値問題を解くことができる．

以上のことは最初 Lagrange と Cauchy によって証明された．彼らの証明は式の計算による．（たとえば，Carathéodory [1] §§35-40 を見よ．）Jacobi は逆に十分多くのパラメータをもつ (0.13) の解が得られれば，微分と消去法によって (0.14) の一般解が求まることを示した．（定理 3.10 または [1] §§164-166 を見よ．）これらの事実の意味を深く問うたのは E. Cartan [2], [3] である．しかし，それについて述べる前に，1 階偏微分方程式と解析力学との関係についてふれておこう．

Newton によって定式化された質点の力学の方程式は本来質点の座標 $x_i$ に関する 2 階の常微分方程式系である．Newton は万有引力によって互いに引き合う二つの質点の運動方程式を求積法によって解き，Kepler の 3 法則を導いた．しかし，三つの質点の場合は数多くの数学者の努力にもかかわらず，求積法は成功せず，反対に Bruns と Poincaré は求積法によって解くことが不可能であることを証明するに至った．常微分方程式の Cauchy の存在定理はなるほど $t$ がある区間にあるときの解の存在を保証するが，$t \to \infty$ としてもなお解が存在するか，あるいは存在する場合も三つの質点の間の距離が有界に留まるかどうかといった問に答えてはくれない．

これらの問題の研究を通じて，力学理論の整備が行なわれ，積分すなわち運動の不変量，あるいは方程式および解の変換の扱いがすこぶる便利になった．Hamilton によってまとめられた形は次の通りである．

座標 $x_i$ と共にそれらと共役な**運動量**とよばれる変数 $p_i$ を導入し，力学系のエネルギーを $t, x_i$ および $p_i$ の関数 $H(t, x_1, \cdots, x_n, p_1, \cdots, p_n)$ として与える．このとき，$x_i$ および $p_i$ は**正準方程式系**とよばれる次の 1 階常微分方程式系を満たす：

$$
(0.17)\qquad \begin{cases} \dfrac{dx_i}{dt} = \dfrac{\partial H}{\partial p_i} \\ \dfrac{dp_i}{dt} = -\dfrac{\partial H}{\partial x_i} \end{cases} \qquad (i=1, \cdots, n).
$$

関数 $H$ は**ハミルトニアン** (**Hamilton 関数**) と呼ばれる.

力学と1階偏微分方程式論との結びつきは, 正準方程式系が, **Hamilton-Jacobi の方程式**と呼ばれる次の1階偏微分方程式

$$
(0.18)\qquad \frac{\partial u}{\partial t} + H\left(t, x_1, \cdots, x_n, \frac{\partial u}{\partial x_1}, \cdots, \frac{\partial u}{\partial x_n}\right) = 0
$$

に対する特性方程式系 (0.14) の一部になっている事実にある. ただし, (0.18) では $(t, x_1, \cdots, x_n)$ を独立変数とし, (0.18) の $\partial u/\partial t$ の係数が1であることを利用し, (0.14) の独立変数 $t$ とはじめの独立変数 $t$ を同一視した.

(0.18) の特性方程式系としては, 正準方程式系 (0.17) の他に

$$
(0.19)\qquad \begin{cases} \dfrac{du}{dt} = \displaystyle\sum_{i=1}^{n} p_i \frac{\partial H}{\partial p_i} - H, \\ \dfrac{dh}{dt} = -\dfrac{\partial H}{\partial t}, \end{cases}
$$

ただし $h=\partial u/\partial t$, をつけ加えなければならないが, 正準方程式系はそれ自身独立に解くことができ, $u$ および $h$ はその後で (0.19) を用いて積分によって求めることができる.

方程式 (0.13) が $u$ を含んでいないときは, これをある $\partial u/\partial x_i$ に関して解けば (0.18) の形になる. また, $u$ を含んでいるときにも, $u$ を独立変数とみなし, 陰関数 $\phi(x_1, \cdots, x_n, u)=$定数 の形で解くこととし, $\phi$ に関する方程式に変換すれば, 未知関数を明らさまには含まない方程式になる. したがって, 単独1階偏微分方程式を論ずるには Hamilton-Jacobi の方程式のみを扱うので十分であることに注意しておこう.

さて, E. Cartan [3] はいわゆる特性系の理論によって常微分方程式の解の存在定理に帰着できる偏微分方程式の解法の理論に明快な基盤を与えたのであるが, 彼の発想のもととなったのは S. Lie による偏微分方程式の取扱いと Poincaré による力学系の積分不変式の理論であろうと思われる.

S. Lie の思想は, 独立変数と未知関数あるいはその導関数の区別をなくし, こ

れらの変数をできるかぎり平等に取り扱おうということである．われわれはすでに方程式(0.13)の初期値問題の解法で，(0.13)の解は(0.15)と(0.16)の $n$ 次元積分多様体であってその上で $(x_1, \cdots, x_n)$ が独立なものと同じであることを用いたが，Lie は(0.13)をむしろ(0.16)で定義される多様体の上の全微分方程式(0.15)と理解し，$n$ 次元積分多様体はすべて解とみなすという立場にたつ．微分方程式を全微分方程式としてとらえるという着想は変数分離形の常微分方程式(0.6)の積分

$$\int g(u)du = \int f(x)dx + C$$

以来のことであろうが，偏微分方程式論に組織的に適用して，後に述べる方程式および解の変換の理論を作りあげたのは Lie の功績である．

Hamilton-Jacobi の方程式を Lie の考えで取り扱うと次のようになる．まず，$(t, x_1, \cdots, x_n, u, h, p_1, \cdots, p_n)$ 空間においては

$$\begin{cases} h + H(t, x_1, \cdots, x_n, p_1, \cdots, p_n) = 0, \\ du = \sum_{i=1}^{n} p_i dx_i + hdt \end{cases}$$

となる．これから，直ちに $h$ を消去することができて，$(t, x_1, \cdots, x_n, u, p_1, \cdots, p_n)$ 空間で

(0.20) $$du = \sum_{i=1}^{n} p_i dx_i - Hdt$$

を解けばよいことがわかる．これの外微分をとれば $u$ も消去できて，$(t, x_1, \cdots, x_n, p_1, \cdots, p_n)$ 空間における2次の全微分方程式

(0.21) $$\sum_{i=1}^{n} dp_i \wedge dx_i - dH \wedge dt = 0$$

になる．(0.20)の解が(0.21)の解になることは明らかであるが，逆に(0.21)の解に対しては

$$d\left(\sum p_i dx_i - Hdt\right) = 0$$

となり，Poincaré の補題(定理1.8)により

$$df = \sum p_i dx_i - Hdt$$

となる関数 $f$ の存在がわかる．したがって，$u = f +$ 定数とおけば(0.20)の解が得られる．

次に，Poincaré の**積分不変式**の理論というのは，正準方程式系(0. 17)の解曲線に沿って動くかぎり，1次元閉曲線 $\Gamma$ 上の積分

$$\int_{\Gamma}\sum p_i dx_i - H dt \tag{0.22}$$

は不変に保たれるということである．すなわち，$\Gamma_1, \Gamma_2$ が二つの閉曲線であって，$\Gamma_1 - \Gamma_2$ が(0. 17)の解曲線からなる2次元の面の境界に等しいとき，$\Gamma_1$ 上の積分と $\Gamma_2$ 上の積分は等しい．

$\Gamma$ が閉曲線でなければならないという意味で

$$\omega = \sum p_i dx_i - H dt \tag{0.23}$$

を**相対不変形式**という．Stokes の定理によれば，これは

$$d\omega = \sum dp_i \wedge dx_i - dH \wedge dt \tag{0.24}$$

が**絶対不変形式**になることと同じである．

E. Cartan [2] は逆に(0. 23)あるいは(0. 24)を不変にする変形は正準方程式系の解曲線に沿っての変形しかないことを証明し，正準方程式系あるいはその解曲線は微分形式 $\omega$ または $d\omega$ によって決定されることを示した．この原理は古典的な変分原理のいくつかを含んでいることに注意する．

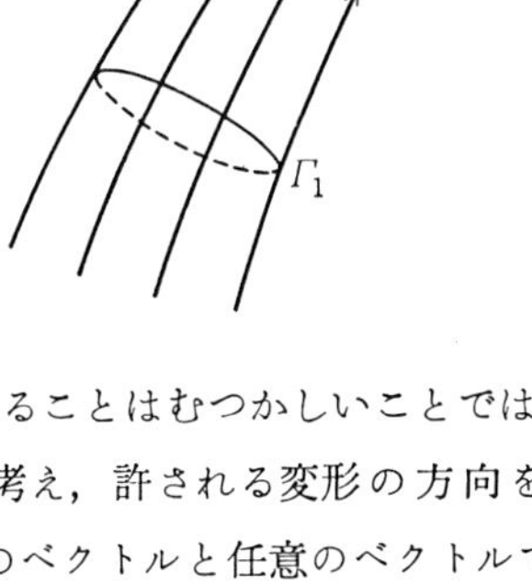

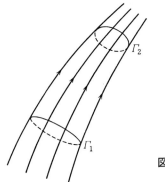

図 0. 1

Cartan の証明を再現することはむつかしいことではない．ある点 $(t^0, x_1^0, \cdots, x_n^0, p_1^0, \cdots, p_n^0)$ を中心に考え，許される変形の方向を $(dt, dx_1, \cdots, dx_n, dp_1, \cdots, dp_n)$ としよう．条件はこのベクトルと任意のベクトルで張られる2次元の接部分空間の上で $d\omega=0$ となることである．任意のベクトルとして $\partial/\partial p_i$，$\partial/\partial x_i$ およ

び $\partial/\partial t$ をとれば，それぞれ

$$
\begin{cases}
dx_i - \dfrac{\partial H}{\partial p_i}dt = 0 & (i=1,\cdots,n), \\
-dp_i - \dfrac{\partial H}{\partial x_i}dt = 0 & (i=1,\cdots,n), \\
\displaystyle\sum_{i=1}^{n}\left(\frac{\partial H}{\partial x_i}dx_i + \frac{\partial H}{\partial p_i}dp_i\right) = 0
\end{cases}
$$

が得られる．はじめの2組の方程式系は正準方程式系に他ならない．最後の方程式は正準方程式系の結論の一つである．

同じ証明で，$C$ が全微分方程式 (0.21) の積分多様体ならば，$C$ の各点を初期値とする正準方程式系の解曲線全体は再び (0.21) の積分多様体となることがわかる．すなわち，われわれの解法の正しさが証明された．

Cartan は [3] でこれを一般の外微分方程式系に拡張した．$\Sigma$ をいくつかの外微分形式を 0 に等しいとおいた外微分方程式系とする．ある部分多様体が $\Sigma$ の積分多様体ならば，$\Sigma$ の外微分 $d\Sigma$ の積分多様体にもなるから，一般性を失うことなく $\Sigma$ は外微分 $d$ に関して閉じているとしてよい．このとき，ベクトル場 $X$ であって，各点での任意の $r$ 次元積分要素 $E$ に対して $E$ と $X$ で張る $(r+1)$ 次元要素がまた積分要素となるもの全体 (と直交する微分形式系) は完全積分可能になる．これを $\Sigma$ の**特性系**という．特性系は常微分方程式を解くことにより積分可能であり，1階偏微分方程式の場合と同様に，もし $C$ が $\Sigma$ の積分多様体ならば，$C$ の各点を含む特性系の積分多様体全体がふたたび $\Sigma$ の積分多様体となることが示される．

いかなる偏微分方程式も全微分方程式の形に書きなおせるが，1未知関数1階方程式の場合を除けば，一般に得られる特性系は0次元の積分多様体しかもたない．常微分方程式の解の存在定理を用いる偏微分方程式の解法が，1未知関数1階方程式を限界とするのはここに理由がある．

以上では外微分形式の言葉を用いたが，外微分形式の理論は上のような研究を通じて生まれ育ってきたことに注意しておこう (Cartan の著書 [2] と [3] の記述法を比較せよ)．

単独1階偏微分方程式および常微分方程式系に対する上のような見方は方程式

の変換の理論にも有用である．はじめに $H(t, x_1, \cdots, x_n, p_1, \cdots, p_n)$ をハミルトニアンとする正準方程式系の場合を考えよう．$(t, x_1, \cdots, x_n, p_1, \cdots, p_n)$ の関数 $x_1'$, $\cdots, x_n', p_1', \cdots, p_n', W, K$ が

$$\sum_{i=1}^{n} p_i dx_i - \sum_{i=1}^{n} p_i' dx_i' = dW + Kdt \tag{0.25}$$

を満たすとする．外微分をとって，移項し，外積の意味で $n$ 乗すれば

$$dt dx_1 \cdots dx_n dp_1 \cdots dp_n = dt dx_1' \cdots dx_n' dp_1' \cdots dp_n'$$

となることがわかるから，$(t, x_1', \cdots, x_n', p_1', \cdots, p_n')$ を新しい座標とすることができる．この座標変換を**正準変換**または**シンプレクティック変換**という．新しい座標の下で，不変形式 (0.24) は

$$\sum_{i=1}^{n} dp_i' \wedge dx_i' - d(H-K) \wedge dt \tag{0.26}$$

になる．したがって，正準方程式系 (0.17) は

$$H' = H - K \tag{0.27}$$

を新しいハミルトニアンとする正準方程式系

$$\begin{cases} \dfrac{dx_i'}{dt} = \dfrac{\partial H'}{\partial p_i'} \\ \dfrac{dp_i'}{dt} = -\dfrac{\partial H'}{\partial x_i'} \end{cases} \qquad (i=1, \cdots, n) \tag{0.28}$$

に変換される．

$((t), x_1, \cdots, x_n, p_1, \cdots, p_n)$ の関数 $f, g$ に対して **Poisson の括弧式**を

$$\{f, g\} = \sum_{i=1}^{n} \left( \frac{\partial f}{\partial p_i} \frac{\partial g}{\partial x_i} - \frac{\partial f}{\partial x_i} \frac{\partial g}{\partial p_i} \right) \tag{0.29}$$

で定義する．このとき，座標変換 $(x, p) \mapsto (x', p')$ が正準変換であるための必要十分条件は

$$\begin{cases} \{x_i', x_j'\} = \{p_i', p_j'\} = 0, \\ \{p_i', x_j'\} = \delta_{ij} \end{cases} \tag{0.30}$$

で与えられる．また新しい座標に関する Poisson の括弧式を $\{f, g\}'$ としたとき，$\{f, g\} = \{f, g\}'$ が成立する (定理 2.4)．

1 階偏微分方程式 (0.13) の変換を論ずるには，これを (0.15) と (0.16) の組合せと考える．(0.16) は関数に対する方程式であるから問題はない．成帯条件 (0.

15) を保つためには次の条件がなりたてば十分である：$x_1', \cdots, x_n', u', p_1', \cdots, p_n'$ を $(x_1, \cdots, x_n, u, p_1, \cdots, p_n)$ の関数とするとき，正数値のみをとる関数 $\rho$ が存在して

$$du' - \sum_{i=1}^{n} p_i' dx_i' = \rho\left(du - \sum_{i=1}^{n} p_i dx_i\right). \tag{0.31}$$

このとき，

$$dx_1' \cdots dx_n' du' dp_1' \cdots dp_n' = \rho^{n+1} dx_1 \cdots dx_n du dp_1 \cdots dp_n$$

がなりたち，$(x_1', \cdots, x_n', u', p_1', \cdots, p_n')$ を新しい座標に選ぶことができる．この座標変換を**接触変換**という．これを接触変換というのは，$S_j: u=\varphi_j(x_1, \cdots, x_n)$, $p_i=\partial\varphi_j/\partial x_i$ $(j=1, 2)$ で与えられる $n$ 次元超曲面が $(x_1, \cdots, x_n, u)$ 空間で 1 点を共有し，そこで相接するならば，接触変換で移った像も同じ性質をもつからである．

この場合に Poisson の括弧式の役目を果すのは，**角括弧式**あるいは **Lagrange の括弧式**と呼ばれる

$$[f, g] = \sum_{i=1}^{n} \left\{\left(\frac{\partial f}{\partial x_i} + p_i \frac{\partial f}{\partial u}\right)\frac{\partial g}{\partial p_i} - \frac{\partial f}{\partial p_i}\left(\frac{\partial g}{\partial x_i} + p_i \frac{\partial g}{\partial u}\right)\right\} \tag{0.32}$$

である．

$(x', u', p')$ が (0.31) を満たす接触変換を与えるための必要十分条件は

$$\begin{cases} [x_i', x_j'] = [x_i', u'] = [p_i', p_j'] = 0, \\ [x_i', p_j'] = -\rho\delta_{ij}, \\ [u', p_j'] = -\rho p_j' \end{cases} \tag{0.33}$$

である．また新しい座標の下での角括弧式を $[f, g]'$ とすれば，

$$[f, g] = \rho[f, g]' \tag{0.34}$$

が成立する．

$(x, p) \mapsto (x', p')$ が $u$ を含まない正準変換であり，

$$\sum p_i dx_i - \sum p_i' dx_i' = dw$$

となるとき，$u' = u - w$ とすれば $(x, u, p) \mapsto (x', u', p')$ は接触変換になる．

逆に，接触変換は 1 次元ふやした空間における同次正準変換と同一視される (定理 2.4′)．これは未知関数 $u$ を明らさまに含んだ 1 階偏微分方程式 (0.13) を陰関数 $\phi(x_1, \cdots, x_n, u) =$ 定数 の形に解く操作に対応している．

なお括弧式は連立方程式を扱うときに本質的な役割を果すのであるが，これに

ついては本文を見られたい．

偏微分方程式の第3の解法として，**Cauchy-Kovalevskaja の定理**に基づくものがある．この定理は解析的な偏微分方程式の非特性初期値問題は解析的な解をただ一つ持つという内容のものである．常微分方程式の Cauchy の存在定理に劣らぬ一般性をもつ定理であるが，データも解も解析的という条件の下でのみなりたつ定理であるため，これまでその適用範囲は狭いと思われてきた．

E. Cartan [3] は Cauchy-Kovalevskaja の定理をくりかえして適用することにより解の存在が保証される偏微分方程式系の組織的な研究を行なった．その後の発展は松田 [6] にある．

われわれは Cauchy-Kovalevskaja の定理の証明だけを与える．

ごく最近まで偏微分方程式の一般理論は以上でつき，その後は方程式のさまざまなタイプへの分類と，各タイプの方程式の研究というように進むのが通例であった．しかし，最近の L. Hörmander らの Fourier 積分作用素の研究 [4], [5] および佐藤幹夫-河合隆裕-柏原正樹の量子化した接触変換の理論 [7] により線型(擬)微分方程式について新たな一般理論が建設された．すなわち，解の特異性のみに着目するならば，解は方程式の主要部から定まる1階偏微分方程式である陪特性方程式によってほとんどきまってしまうこと，さらに陪特性方程式の同次正準変換あるいは接触変換に応ずる方程式および解の変換が存在することが明らかにされた．前者は音や光が波動であるにもかかわらず，あたかも粒子であるかのように伝わる事実の数学的裏づけである．

# 第1章　微分幾何からの準備

## §1.1　微分幾何における用語

この節では，以下の章および節を通して用いられる基本的な諸概念の定義と記号を説明しておく．いずれも基礎的なことであるが，詳しくは本講座の“多様体論”の項を参照されるとよい．

$m$ 次元の実 Euclid 空間を $\boldsymbol{R}^m$ と表わす．$\boldsymbol{R}^m$ の点は $m$ 個の実数の組であって，2点 $p=(p_1, \cdots, p_m)$，$q=(q_1, \cdots, q_m)$ の距離は

$$|p-q| = \sqrt{(p_1-q_1)^2+(p_2-q_2)^2+\cdots+(p_m-q_m)^2}$$

で与えられる．$\boldsymbol{R}^m$ の点 $p=(p_1, \cdots, p_m)$ に対して，$x_i(p)=p_i$ $(i=1, \cdots, m)$ とおくと，$x_i$ は $\boldsymbol{R}^m$ から $\boldsymbol{R}$ への連続関数となる．これらの $m$ 個の関数の組 $(x_1, \cdots, x_m)$ を $\boldsymbol{R}^m$ の**標準座標系**とよぶ．この記号 $(x_1, \cdots, x_m)$ は $\boldsymbol{R}^m$ の標準座標系を表わすものであるが，習慣上，同じ記号によって $\boldsymbol{R}^m$ の“一般の点”を表わすものと考えることが多い．ここでもそれに従うことにする．

$f$ を $\boldsymbol{R}^m$ の開集合 $U$ で定義された実数値関数とする．正の整数 $l$ に対し，$f$ の $l$ 階までの偏導関数がすべて存在して連続となるとき，$f$ を $U$ 上の $\boldsymbol{C^l}$ **級関数**という．さらに，$f$ がすべての正整数 $l$ に対して $C^l$ 級であるとき，$f$ を $\boldsymbol{C^\infty}$ **級関数**という．$f$ が $C^\infty$ 級であり，しかも $U$ の各点 $p$ に対し，$p$ を中心とする $m$ 変数のベキ級数が存在して $p$ の十分小さな近傍で収束し $f$ に等しくなるとき，$f$ を $\boldsymbol{C^\omega}$ **級関数**または**実解析関数**という．

$\varphi$ を $\boldsymbol{R}^m$ の開集合 $U$ から $\boldsymbol{R}^n$ の開集合 $V$ への写像とする．$\boldsymbol{R}^m$ の標準座標系 $(x_1, \cdots, x_m)$ と $\boldsymbol{R}^n$ の標準座標系 $(y_1, \cdots, y_n)$ を用いれば，$\varphi$ は $U$ 上の $n$ 個の関数 $\varphi_j$ によって

$$(1.1) \qquad y_j = \varphi_j(x_1, \cdots, x_m) \qquad (j=1, \cdots, n)$$

と表わせる．この $\varphi_j$ が $C^l$ 級のとき，$\varphi$ は $U$ から $V$ への $\boldsymbol{C^l}$ **級写像**であるという $(l=1, 2, \cdots, \infty, \omega)$．さらに，$m=n$ で，$\varphi$ が $V$ の上への1対1の写像であって，$\varphi$ および $\varphi$ の逆写像 $\varphi^{-1}$ がともに $C^l$ 級であるとき，$\varphi$ を $U$ から $V$ の上へ

の $C^l$ **級微分同相写像**という．このとき，$U$ が $\boldsymbol{R}^m$ の点 $p$ の近傍であるならば，$y_j$ を (1.1) によって $U$ 上の関数とみなして $(y_1, \cdots, y_m)$ を $p$ の近傍 $U$ での $C^l$ **級局所座標系**という．さて，$C^l$ 級の微分同相に関して，次の陰関数定理が知られている．$C^\omega$ 級の場合の証明は第4章に載せてある(140ページの注意)．

**定理 1.1**(**陰関数定理**) $\varphi$ を $\boldsymbol{R}^m$ の原点 0 の近傍 $U$ から $\boldsymbol{R}^n$ への $C^l$ 級 ($l=1, 2, \cdots, \infty, \omega$) の写像とし，$m \geqq n$, $\varphi(0)=0$ であるとする．さらに，$\varphi$ を (1.1) の形に表わしたとき，関数行列式

$$\left|\frac{\partial(\varphi_1, \cdots, \varphi_n)}{\partial(x_1, \cdots, x_n)}\right|(0) = \begin{vmatrix} \dfrac{\partial \varphi_1}{\partial x_1}(0) & \cdots & \dfrac{\partial \varphi_1}{\partial x_n}(0) \\ & \cdots\cdots & \\ \dfrac{\partial \varphi_n}{\partial x_1}(0) & \cdots & \dfrac{\partial \varphi_n}{\partial x_n}(0) \end{vmatrix}$$

が 0 でないとする．このとき，$\boldsymbol{R}^m$ における 0 のある近傍 $W$ から，$\boldsymbol{R}^m$ における 0 のある近傍 $V$ の上への $C^l$ 級微分同相写像 $\psi=(\psi_1, \cdots, \psi_m)$ で，$V$ 上

$$\begin{cases} \varphi_i(\psi_1(y_1, \cdots, y_m), \cdots, \psi_m(y_1, \cdots, y_m)) = y_i & (i=1, \cdots, n), \\ \psi_j(y_1, \cdots, y_m) = y_j & (j=n+1, \cdots, m) \end{cases}$$

となるものがただ一つ存在する．——

この定理は次のことを意味する．すなわち，$x'=(x_{n+1}, \cdots, x_m)$ と表わしたとき，$V$ の点 $(x_1, \cdots, x_n, x')$ に対する二つの条件

$$x_i = \psi_i(0, \cdots, 0, x') \qquad (1 \leqq i \leqq n)$$

と

$$\varphi_i(x_1, \cdots, x_n, x') = 0 \qquad (1 \leqq i \leqq n)$$

とは同値である．実際，$(0, \cdots, 0, x')$ は $W$ の点だから前者に後者が従うことは明らかである．逆に後者を仮定したときは，$(y_1, \cdots, y_m) = \psi^{-1}((x_1, \cdots, x_m))$ とおけば，定理より $y_1 = \cdots = y_n = 0$, $y_{n+1} = x_{n+1}$, $\cdots$, $y_m = x_m$ がわかるので前者を得る．

$\varphi=(\varphi_1(x), \cdots, \varphi_m(x))$ を $\boldsymbol{R}^m$ の開集合 $U$ から $V$ への $C^l$ 級写像であるとする．もし，$\varphi$ の $x$ に対する関数行列式が $U$ の点 $p$ で 0 でないなら，$\varphi$ は $p$ のある近傍から $\varphi(p)$ のある近傍の上への $C^l$ 級微分同相写像を定める．これは，$m=n$ の場合の定理 1.1 からわかる．逆に $\varphi$ が $U$ から $V$ の上への $C^l$ 級微分同相写像であるなら，写像 $\varphi$ の変換行列と $\varphi^{-1}$ のそれとの積は単位行列となるから，それ

らの行列式の値は0になり得ない．

さらにここで，常微分方程式の解の存在定理を引用しておこう．$C^\omega$ 級の場合の次の定理は，定理4.5の特別な場合にあたっていることを注意しておく．

**定理1.2**　変数 $(t, x_1, \cdots, x_m, s_1, \cdots, s_n)$ をもつ $m$ 個の関数 $f_i$ $(i=1, \cdots, m)$ が，$\boldsymbol{R}^{1+m+n}$ の原点の近傍で定義されていて，そこで $C^l$ 級であるとする $(l=1, 2, \cdots, \infty, \omega)$．$(y_1, \cdots, y_m)$ を0に十分近い $\boldsymbol{R}^m$ の点とすると，パラメータ $(s_1, \cdots, s_n)$ を含む常微分方程式系

$$(1.2)\qquad \frac{dx_i}{dt} = f_i(t, x_1, \cdots, x_m, s_1, \cdots, s_n) \qquad (i=1, \cdots, m)$$

は，$t=0$ のとき初期条件 $x_i=y_i$ を満たす解が，$|t|$ の十分小さい範囲で，ただ一組存在する．この解を $x_i=\varphi_i(t, y_1, \cdots, y_m, s_1, \cdots, s_n)$ とおくと，$\varphi_i$ は $\boldsymbol{R}^{1+m+n}$ の原点の近傍で定義された $C^l$ 級関数となる．——

$M$ を $\boldsymbol{R}^m$，または $\boldsymbol{R}^m$ の開集合とする．$c=(c_1, \cdots, c_m)$ を，$\boldsymbol{R}$ の開区間 $(-a, a)$ から $M$ への $C^l$ 級写像で，$c(0)=p$ であるとする $(l=1, 2, \cdots, \infty, \omega)$．すなわち，$c$ は点 $p$ を通る $M$ 内の $C^l$ 級の曲線を定めている．$U$ を点 $p$ の $M$ における近傍とし，$U$ 上で定義された実数値 $C^l$ 級関数全体の作る $\boldsymbol{R}$ 上のベクトル空間を $C^l(U)$ とおく．$C^l(U)$ の元 $f(x_1, \cdots, x_m)$ に対し，$\{df(c(t))/dt\}_{t=0}$ という実数を対応させる写像は，$C^l(U)$ から $\boldsymbol{R}$ への $\boldsymbol{R}$ 線型写像 $v$ を定義する．このとき，$dc_i/dt(0)=\lambda_i$ とおけば

$$\begin{aligned} v(f) &= \left\{\frac{d}{dt}f(c_1(t), \cdots, c_m(t))\right\}_{t=0} \\ &= \left(\sum_{i=1}^{m} \lambda_i \frac{\partial f}{\partial x_i}\right)(p) \end{aligned}$$

となるので，$v=\sum_{i=1}^{m} \lambda_i(\partial/\partial x_i)_p$ と書く．ただし，$(\partial/\partial x_i)_p$ は $f$ に対し $(\partial f/\partial x_i)(p)$ を対応させる写像を表わす．点 $p$ を決めたとき，このようにして得られる $\boldsymbol{R}$ 線型写像の全体を $T_pM$ と書き，点 $p$ における $M$ の**接空間**という．また，$T_pM$ の元を，点 $p$ における $M$ の**接ベクトル**という．$\boldsymbol{R}^m$ の任意の元 $(\lambda_1, \cdots, \lambda_m)$ に対し，$c(t)=(p_1+\lambda_1 t, \cdots, p_m+\lambda_m t)$ という曲線を考えれば

$$(1.3)\qquad T_pM = \left\{\sum_{i=1}^{m} \lambda_i(\partial/\partial x_i)_p \,\middle|\, (\lambda_1, \cdots, \lambda_m) \in \boldsymbol{R}^m\right\}$$

となることがわかる．したがって，$T_pM$ は $\boldsymbol{R}$ 上のベクトル空間となるが，$(\partial/\partial x_i)_p(x_j)=\delta_{ij}$ となることから，$(\partial/\partial x_1)_p, \cdots, (\partial/\partial x_m)_p$ は1次独立であることがわかり，$T_pM$ を $m$ 次元実ベクトル空間 $\boldsymbol{R}^m$ と同一視することができる．

$C^l(U)$ の元 $f, g$ に対し，

$$\frac{d}{dt}\{f(c(t))g(c(t))\}_{t=0} = \left\{\frac{d}{dt}f(c(t))\right\}_{t=0}\cdot g(c(0))+f(c(0))\cdot\left\{\frac{d}{dt}g(c(t))\right\}_{t=0}$$

であるから，$T_pM$ の元 $v$ は

$$v(fg) = v(f)\cdot g(p)+f(p)\cdot v(g) \qquad (f, g \in C^l(U)) \tag{1.4}$$

を満たすことがわかる．逆に，$C^l(U)$ から $\boldsymbol{R}$ への線型写像で (1.4) を満たすものは $T_pM$ の元となることが知られている．

上と同じ記号を用いよう．$\varphi$ は $U$ から $\boldsymbol{R}^n$ の開集合 $V$ への $C^l$ 級写像で，(1.1) の形に表わされているとする．点 $p$ を通る $M$ の曲線 $c(t)$ は，$\varphi$ により点 $\varphi(p)$ を通る $V$ の曲線 $\varphi(c(t))$ に写される．この対応は，自然に $\boldsymbol{R}$ 線型写像

$$d\varphi_p\colon\ T_pM \longrightarrow T_{\varphi(p)}V \tag{1.5}$$

をひきおこす．実際，標準座標系を用いれば，

$$\left\{\frac{d}{dt}(h(\varphi(c(t))))\right\}_{t=0} = \sum_{j=1}^{n}\sum_{i=1}^{m}\frac{\partial h}{\partial y_j}(\varphi(p))\cdot\frac{\partial\varphi_j}{\partial x_i}(p)\cdot\frac{dc_i}{dt}(0) \qquad (h \in C^l(V))$$

であるから，

$$d\varphi_p\left(\sum_{i=1}^{m}\lambda_i(\partial/\partial x_i)_p\right) = \sum_{j=1}^{n}\sum_{i=1}^{m}\lambda_i\left(\frac{\partial\varphi_j}{\partial x_i}\right)(p)\cdot(\partial/\partial y_j)_{\varphi(p)} \tag{1.6}$$

となることがわかる．したがって，

$$d\varphi_p(v)(h) = v(h\circ\varphi) \qquad (v \in T_pM,\ h \in C^l(V)) \tag{1.7}$$

がなりたつ．線型写像 $d\varphi_p$ の階数を，点 $p$ での写像 $\varphi$ の**階数**という．

$M$ の接空間の全体 $TM=\bigcup_{p\in M}T_pM$ を $M$ の**接バンドル**という．$TM$ から $M$ への写像で，$T_pM$ の元に対し $p$ を対応させる写像を**射影**といい，$\tau$ と書くことにする．$M$ の開集合 $U$ の各点 $p$ に，$p$ における $M$ のある接ベクトル $X_p$ を対応させる写像は，$U$ から $TM$ への写像 $X$ を定める．標準座標系を用いれば，(1.3) により

$$TM = M\times\boldsymbol{R}^m \subset \boldsymbol{R}^{2m} \tag{1.8}$$

とみなせるが，この同一視により $X$ が $C^l$ 級のとき，$X$ を $U$ 上の $C^l$ **級ベクト**

**ル場**という($l=1, 2, \cdots, \infty, \omega$). すなわち,

$$X_p = \sum_{i=1}^{m} \lambda_i(p)(\partial/\partial x_i)_p$$

と表わせば, $\lambda_i$ は $U$ 上の $C^l$ 級関数を定義している. これは, "$X$ が $U$ から $TM$ への $C^l$ 級写像で, $\tau\circ X=\mathrm{id}$ となる" といっても同じである. さらに, 任意の $f \in C^l(U)$ に対し, $U$ 上の関数 $Xf$ を,

$$\begin{aligned}(Xf)(p) &= X_p(f) \\ &= \sum_{i=1}^{m} \lambda_i(p)\frac{\partial f}{\partial x_i}(p)\end{aligned}$$

と定義する. これにより, $X$ は定数項の無い1階の $U$ 上の微分作用素とみなすことができるので,

$$X = \sum_{i=1}^{m} \lambda_i(\partial/\partial x_i)$$

と表わすことにする. 別の $C^{l+1}$ 級局所座標系 $(y_1, \cdots, y_m)$ を用いると

$$X = \sum_{i=1}^{m}\left(\sum_{j=1}^{m} \lambda_j\frac{\partial y_i}{\partial x_j}\right)(\partial/\partial y_i)$$

となる(ただし, $l=\infty$ または $\omega$ のときは, $l+1$ は $l$ に等しいと考える). $X$ が $C^l$ 級ということは, $X$ を上の形に書いたときの $\partial/\partial y_i$ の係数が $C^l$ 級関数になること, といってもよい. これは, $C^{l+1}$ 級局所座標系 $(y_1, \cdots, y_m)$ の選び方によらない.

$U$ 上の $C^l$ 級ベクトル場 $X, Y$ と, $U$ 上の実数値 $C^l$ 級関数 $f, g$ に対して, $U$ 上の $C^l$ 級ベクトル場 $fX+gY$ を

$$(fX+gY)_p = f(p)X_p+g(p)Y_p$$

によって定義する.

$C^l(U)$ の元 $f$ に対し, $T_pM$ から $\boldsymbol{R}$ への線型写像 $df_p$ が

(1.9) $$df_p(v) = v(f) \qquad (v \in T_pM)$$

によって定義される. これは, $C^l(U)$ から $T_pM$ の双対空間 $T_p{}^*M$ の上への線型写像を与える. $T_pM$ の基底 $(\partial/\partial x_1)_p, \cdots, (\partial/\partial x_m)_p$ の双対基底は $(dx_1)_p, \cdots, (dx_m)_p$ となり

(1.10) $$T_p{}^*M = \left\{\sum_{i=1}^{m} \xi_i(dx_i)_p \,\middle|\, (\xi_1, \cdots, \xi_m) \in \boldsymbol{R}^m\right\}$$

と表わせる．別の局所座標系$(y_1, \cdots, y_m)$に対しては，

$$\sum_{i=1}^{m} \xi_i (dx_i)_p = \sum_{j=1}^{m} \sum_{i=1}^{m} \xi_i \frac{\partial x_i}{\partial y_j}(p)(dy_j)_p \tag{1.11}$$

という関係がなりたつ．それは，$(dx_i)_p((\partial/\partial y_j)_p) = (\partial/\partial y_j)_p(x_i) = (\partial x_i/\partial y_j)(p)$となることから，容易にわかる．この$T_p{}^*M$を点$p$における$M$の**余接空間**といい，$T_p{}^*M$の元を**余接ベクトル**という．

(1.9)で定義した$df_p$は，(1.5)の写像と同じ記号となるが，これは(1.3)の自然な同一視で$T_{f(p)}\boldsymbol{R} = \boldsymbol{R}$とみなしたときの(1.5)の写像であると考えてよい．

さて，次に$T_p{}^*M$の**外積代数**について説明しよう．$m$次元ベクトル空間$T_pM$の$k$個の直積$T_pM \times \cdots \times T_pM$から$\boldsymbol{R}$への写像$w$で，次の(1.12)の性質(多重線型性)と，(1.13)の性質(歪対称性)をもつものを，$T_pM$上の**歪対称$k$重線型形式**という．

$$\begin{aligned} w(v_1, \cdots, v_{i-1}, \lambda v_i + \lambda' v_i', v_{i+1}, \cdots, v_k) &= \lambda w(v_1, \cdots, v_{i-1}, v_i, v_{i+1}, \cdots, v_k) \\ &\quad + \lambda' w(v_1, \cdots, v_{i-1}, v_i', v_{i+1}, \cdots, v_k). \end{aligned} \tag{1.12}$$

$$\begin{aligned} w(v_1, \cdots, v_{i-1}, v_i, v_{i+1}, \cdots, v_{j-1}, v_j, v_{j+1}, \cdots, v_k) \\ = -w(v_1, \cdots, v_{i-1}, v_j, v_{i+1}, \cdots, v_{j-1}, v_i, v_{j+1}, \cdots, v_k) \quad (i<j). \end{aligned} \tag{1.13}$$

ここで，$v_i, v_i', v_j, \cdots \in T_pM$，$\lambda, \lambda' \in \boldsymbol{R}$である．とくに，(1.13)から，$v_i = v_j$ならば，

$$w(v_1, \cdots, v_i, \cdots, v_j, \cdots, v_k) = 0$$

となることがわかる．$\{1, \cdots, k\}$の置換の全体を$\mathfrak{S}_k$とおけば，(1.13)は

$$w(v_{\sigma(1)}, \cdots, v_{\sigma(k)}) = \operatorname{sgn}(\sigma)\, w(v_1, \cdots, v_k) \qquad (\sigma \in \mathfrak{S}_k) \tag{1.13$'$}$$

と同値である．ただし，$\operatorname{sgn}(\sigma)$は，$\sigma$が偶置換のとき1，奇置換のとき$-1$を表わす．

$T_pM$上の歪対称$k$重線型形式全体のつくる$\boldsymbol{R}$上のベクトル空間を$\bigwedge^k T_p{}^*M$と書く．$\bigwedge^k T_p{}^*M$の元を表わすため，標準座標系，または$p$の近傍での局所座標系$(x_1, \cdots, x_m)$を用いよう．$1 \leqq i_1 < i_2 < \cdots < i_k \leqq m$を満たす添字の集合$\{i_1, \cdots, i_k\}$に対し，$\bigwedge^k T_p{}^*M$の元$(dx_{i_1})_p \wedge \cdots \wedge (dx_{i_k})_p$を

$$(dx_{i_1})_p \wedge \cdots \wedge (dx_{i_k})_p (v_1, \cdots, v_k) = \sum_{\sigma \in \mathfrak{S}_k} \operatorname{sgn}(\sigma) \prod_{\nu=1}^{k} (dx_{i_\nu})_p (v_{\sigma(\nu)}) \tag{1.14}$$

によって定義する．$1 \leqq j_1 < j_2 < \cdots < j_k \leqq m$ であるなら

$$(dx_{i_1})_p \wedge \cdots \wedge (dx_{i_k})_p((\partial/\partial x_{j_1})_p, \cdots, (\partial/\partial x_{j_k})_p) = \prod_{\nu=1}^{k} \delta_{i_\nu j_\nu}$$

となるので，$k$ を決めたとき，上のようにして定義される $\binom{m}{k} = \dfrac{m!}{k!(m-k)!}$ 個の $\overset{k}{\wedge} T_p{}^*M$ の元は，$\boldsymbol{R}$ 上1次独立であることがわかる．($\delta_{ij}$ は $i$ と $j$ が等しいとき1，等しくないとき0を表わす.）一方，任意の $w \in \overset{k}{\wedge} T_p{}^*M$ に対し $\xi_{i_1 \cdots i_k} = w((\partial/\partial x_{i_1})_p, \cdots, (\partial/\partial x_{i_k})_p)$ とおくと，$v_j = \sum_{i=1}^{m} \lambda_{ji}(\partial/\partial x_i)_p \in T_pM$ $(j=1, \cdots, k)$ に対して，

$$\begin{aligned}
w(v_1, \cdots, v_k) &= \sum_{i_1=1}^{m} \cdots \sum_{i_k=1}^{m} \lambda_{1i_1} \cdots \lambda_{ki_k} w((\partial/\partial x_{i_1})_p, \cdots, (\partial/\partial x_{i_k})_p) \\
&= \sum_{1 \leqq i_1 < \cdots < i_k \leqq m} \sum_{\sigma \in \mathfrak{S}_k} \lambda_{1 i_{\sigma(1)}} \cdots \lambda_{k i_{\sigma(k)}} w((\partial/\partial x_{i_{\sigma(1)}})_p, \cdots, (\partial/\partial x_{i_{\sigma(k)}})_p) \\
&= \sum_{1 \leqq i_1 < \cdots < i_k \leqq m} \sum_{\sigma \in \mathfrak{S}_k} \operatorname{sgn}(\sigma) \lambda_{1 i_{\sigma(1)}} \cdots \lambda_{k i_{\sigma(k)}} w((\partial/\partial x_{i_1})_p, \cdots, (\partial/\partial x_{i_k})_p) \\
&= \sum_{1 \leqq i_1 < \cdots < i_k \leqq m} \xi_{i_1 \cdots i_k} (dx_{i_1})_p \wedge \cdots \wedge (dx_{i_k})_p (v_1, \cdots, v_k)
\end{aligned}$$

となることが，(1.12) と (1.13)′ からわかる．よって，線型空間 $\overset{k}{\wedge} T_p{}^*M$ の次元は $\binom{m}{k}$ で，

(1.15)

$$\overset{k}{\wedge} T_p{}^*M = \left\{ \sum_{1 \leqq i_1 < \cdots < i_k \leqq m} \xi_{i_1 \cdots i_k} (dx_{i_1})_p \wedge \cdots \wedge (dx_{i_k})_p \,\middle|\, (\xi_{i_1 \cdots i_k})_{1 \leqq i_1 < \cdots < i_k \leqq m} \in \boldsymbol{R}^{\binom{m}{k}} \right\}$$

である．とくに，$\overset{k}{\wedge} T_p{}^*M = \{0\}$ $(k \geqq m+1)$，$\overset{1}{\wedge} T_p{}^*M = T_p{}^*M$ であるが，$k=0$ のときは $\overset{0}{\wedge} T_p{}^*M = \boldsymbol{R}$ と定義する．

$\overset{k_1}{\wedge} T_p{}^*M$ の元 $w_1$ と $\overset{k_2}{\wedge} T_p{}^*M$ の元 $w_2$ の**外積** $w_1 \wedge w_2 \in \overset{k_1+k_2}{\wedge} T_p{}^*M$ を

(1.16)

$$\begin{aligned}
&w_1 \wedge w_2(v_1, \cdots, v_{k_1+k_2}) \\
&\quad = \frac{1}{k_1!k_2!} \sum_{\sigma \in \mathfrak{S}_{k_1+k_2}} \operatorname{sgn}(\sigma) w_1(v_{\sigma(1)}, \cdots, v_{\sigma(k_1)}) w_2(v_{\sigma(k_1+1)}, \cdots, v_{\sigma(k_1+k_2)})
\end{aligned}$$

によって定義する．$w_1, w_1' \in \overset{k_1}{\wedge} T_p{}^*M$，$w_2 \in \overset{k_2}{\wedge} T_p{}^*M$，$w_3 \in \overset{k_3}{\wedge} T_p{}^*M$，$\xi, \xi' \in \boldsymbol{R}$ に対して

$$(1.17)\qquad \begin{cases} (\xi w_1+\xi' w_1')\wedge w_2=\xi w_1\wedge w_2+\xi' w_1'\wedge w_2, \\ (w_1\wedge w_2)\wedge w_3=w_1\wedge(w_2\wedge w_3), \\ w_1\wedge w_2=(-1)^{k_1k_2}w_2\wedge w_1 \end{cases}$$

という関係がなりたつ．最初の式は定義から明らかである．2番目の式を証明しよう．それは，

$$\begin{aligned}
&(w_1\wedge w_2)\wedge w_3(v_1,\cdots,v_{k_1+k_2+k_3}) \\
&=\frac{1}{(k_1+k_2)!k_3!}\sum_{\sigma\in\mathfrak{S}_{k_1+k_2+k_3}}\mathrm{sgn}(\sigma)\cdot w_1\wedge w_2(v_{\sigma(1)},\cdots,v_{\sigma(k_1+k_2)}) \\
&\quad\cdot w_3(v_{\sigma(k_1+k_2+1)},\cdots,v_{\sigma(k_1+k_2+k_3)}) \\
&=\frac{1}{(k_1+k_2)!k_3!}\sum_{\sigma\in\mathfrak{S}_{k_1+k_2+k_3}}\mathrm{sgn}(\sigma)\cdot\frac{1}{k_1!k_2!}\sum_{\sigma'\in\mathfrak{S}_{k_1+k_2}}\mathrm{sgn}(\sigma') \\
&\quad\cdot w_1(v_{\sigma\sigma'(1)},\cdots,v_{\sigma\sigma'(k_1)})\cdot w_2(v_{\sigma\sigma'(k_1+1)},\cdots,v_{\sigma\sigma'(k_1+k_2)}) \\
&\quad\cdot w_3(v_{\sigma(k_1+k_2+1)},\cdots,v_{\sigma(k_1+k_2+k_3)}) \\
&=\frac{1}{k_1!k_2!k_3!(k_1+k_2)!}\sum_{\sigma'\in\mathfrak{S}_{k_1+k_2}}\sum_{\sigma\sigma'\in\mathfrak{S}_{k_1+k_2+k_3}}\mathrm{sgn}(\sigma\sigma') \\
&\quad\cdot w_1(v_{\sigma\sigma'(1)},\cdots,v_{\sigma\sigma'(k)})\cdot w_2(v_{\sigma\sigma'(k_1+1)},\cdots,v_{\sigma\sigma'(k_1+k_2)}) \\
&\quad\cdot w_3(v_{\sigma\sigma'(k_1+k_2+1)},\cdots,v_{\sigma\sigma'(k_1+k_2+k_3)}) \\
&=\frac{1}{k_1!k_2!k_3!}\sum_{\sigma\in\mathfrak{S}_{k_1+k_2+k_3}}\mathrm{sgn}(\sigma)\cdot w_1(v_{\sigma(1)},\cdots,v_{\sigma(k_1)}) \\
&\quad\cdot w_2(v_{\sigma(k_1+1)},\cdots,v_{\sigma(k_1+k_2)})\cdot w_3(v_{\sigma(k_1+k_2+1)},\cdots,v_{\sigma(k_1+k_2+k_3)})
\end{aligned}$$

となり，$w_1\wedge(w_2\wedge w_3)(v_1,\cdots,v_{k_1+k_2+k_3})$ に対しても同様の計算を行なえば同じ式を得ることからわかる．ただし，ここでは，$\sigma'\in\mathfrak{S}_{k_1+k_2}$ に対し $\sigma'(j)=j$ $(k_1+k_2<j\leqq k_1+k_2+k_3)$ と定義して，$\mathfrak{S}_{k_1+k_2}$ を $\mathfrak{S}_{k_1+k_2+k_3}$ の部分群とみなした．この外積 $\wedge$ は結合法則を満たすことがわかったので，$\omega_1\wedge\omega_2\wedge\omega_3$ のように書く．上で行なった計算をくり返すことにより，この書き方は，(1.14) の定義と矛盾しないことがわかる．(1.17) の最後の式は，$w_1$ と $w_2$ を標準座標系を使って (1.15) の形に表わし，$(df_i)_p\in T_p{}^*M$ に対して

$$(df_1)_p\wedge\cdots\wedge(df_k)_p=\mathrm{sgn}(\sigma)(df_{\sigma(1)})_p\wedge\cdots\wedge(df_{\sigma(k)})_p\qquad(\sigma\in\mathfrak{S}_k)$$

がなりたつことに注意すれば明らかであろう．

$\overset{k}{\wedge}T_p{}^*M$ の直和空間 $\bigoplus_{k=0}^{m}\overset{k}{\wedge}T_p{}^*M$ を $\wedge T_p{}^*M$ で表わし，$\wedge T_p{}^*M$ の二つの元 $w=\sum_{k=0}^{m}w_k$ と $w'=\sum_{k=0}^{m}w_k'$ $(w_k, w_k'\in\overset{k}{\wedge}T_p{}^*M)$ に対して，**外積**を

$$w \wedge w' = \sum_{k+k'=0}^{m} w_k \wedge w_k{'}$$

により定義すると，外積 $\wedge$ は結合法則を満たす．この $\bigwedge T_p{}^*M$ を $T_p{}^*M$ の外積代数という．局所座標系を用いれば，(1.15) からわかるように

$$(1.18) \qquad \bigwedge T_p{}^*M = \left\{ \sum_{k=0}^{m} \sum_{1 \leqq i_1 < \cdots < i_k \leqq m} \xi_{i_1 \cdots i_k} (dx_{i_1})_p \wedge \cdots \wedge (dx_{i_k})_p \,\middle|\, (\xi_{i_1 \cdots i_k})_{\substack{0 \leqq k \leqq m \\ 1 \leqq i_1 < \cdots < i_k \leqq m}} \in \boldsymbol{R}^{2^m} \right\}$$

となり，$\bigwedge T_p{}^*M$ は $2^m$ 次元ベクトル空間である．異なった局所座標系 $(y_1, \cdots, y_m)$ を用いたときの $\bigwedge T_p{}^*M$ の元の対応，すなわち，座標変換の公式は

$$(1.19) \qquad (dx_{i_1})_p \wedge \cdots \wedge (dx_{i_k})_p = \sum_{1 \leqq j_1 < \cdots < j_k \leqq m} \sum_{\sigma \in \mathfrak{S}_k} \operatorname{sgn}(\sigma) \cdot \frac{\partial x_{i_1}}{\partial y_{j_{\sigma(1)}}}(p) \cdots \frac{\partial x_{i_k}}{\partial y_{j_{\sigma(k)}}}(p) \cdot (dy_{j_1})_p \wedge \cdots \wedge (dy_{j_k})_p$$

から容易に得られる．(1.11) をみれば，外積の定義から上式は明らかである．特に $k=m$ の場合は，

$$(1.20) \qquad (dx_1)_p \wedge \cdots \wedge (dx_m)_p = \left| \frac{\partial(x_1, \cdots, x_m)}{\partial(y_1, \cdots, y_m)} \right| (p) \cdot (dy_1)_p \wedge \cdots \wedge (dy_m)_p$$

となることに注意しよう．

$T_pM$ からベクトル場を作ったのと同様の方法で，$\bigwedge T_p{}^*M$ からは**微分形式**が構成される．すなわち，$\bigwedge T^*M = \bigcup_{p \in M} \bigwedge T_p{}^*M$ とおくと，標準座標系 $(x_1, \cdots, x_m)$ のもとで

$$\bigwedge T^*M = M \times \boldsymbol{R}^{2^m} \subset \boldsymbol{R}^{m+2^m}$$

とみなせる．このとき，$M$ の開集合 $U$ の各点 $p$ に $\bigwedge T_p{}^*M$ の元 $\omega_p$ を対応させる写像 $\omega$ が上の同一視で $C^l$ 級のとき，$\omega$ を $U$ 上の **$C^l$ 級微分形式**という ($l=1, 2, \cdots, \infty, \omega$)．さらに，各 $p$ に対して，$\omega_p$ が $\bigwedge^k T_p{}^*M$ の元となるとき，$\omega$ を **$C^l$ 級 $k$ 次微分形式**という．$\bigwedge T_p{}^*M$ は $\bigwedge^k T_p{}^*M$ の直和であるから，任意の $C^l$ 級微分形式 $\omega$ に対して，$C^l$ 級 $k$ 次微分形式 $\omega_k$ $(k=0, 1, \cdots, m)$ がただ一つ定まり，

$$\omega = \sum_{k=0}^{m} \omega_k$$

と表わせる．ただし，$\omega$ と $\omega'$ が $U$ 上の $C^l$ 級微分形式なら，$f, f' \in C^l(U)$ に対して，$C^l$ 級微分形式 $f\omega+f'\omega'$ は，

$$(f\omega+f'\omega')_p = f(p)\omega_p+f'(p)\omega_p'$$

により定義される．また外積代数 $\bigwedge T_p{}^*M$ に対応して，$C^l$ 級微分形式 $\omega\wedge\omega'$ が

$$(\omega\wedge\omega')_p = \omega_p\wedge\omega_p'$$

により定義される．$U$ 上の $C^l$ 級0次微分形式とは，$U$ 上の実数値 $C^l$ 級関数のことであって

$$f\wedge\omega = f\omega$$

がなりたつ．

1次微分形式は，特に，**Pfaff 形式**ともいわれる．$T^*M=\bigcup_{p\in M} T_p{}^*M$ とおけば，標準座標系を用いて

$$T^*M = M\times \boldsymbol{R}^m \subset \boldsymbol{R}^{2m}$$

とみなせる．この $T^*M$ を $M$ の**余接バンドル**という．また，$T^*M$ から $M$ への写像 $\pi$ で，$\pi(T_p{}^*M)=p$ を満たすものを**射影**という．$U$ 上の **$C^l$ 級 Pfaff 形式**とは，$U$ から $T^*M$ への $C^l$ 級写像 $\omega$ で，射影 $\pi$ に対し $\pi\circ\omega=\mathrm{id}$ となるものといってもよい．

$f\in C^{l+1}(U)$ に対して，写像 $U\ni p\mapsto(df)_p=\sum_{i=1}^m (\partial f/\partial x_i)(p)\cdot(dx_i)_p$ は $C^l$ 級 Pfaff 形式を定めるが，それを $df$ と表わす．すると，$U$ 上の $C^l$ 級微分形式 $\omega$ は，標準座標系を用いて

$$\omega = \sum_{k=0}^m \sum_{1\leqq i_1<\cdots<i_k\leqq m} \xi_{i_1\cdots i_k} dx_{i_1}\wedge\cdots\wedge dx_{i_k} \qquad (\xi_{i_1\cdots i_k}\in C^l(U))$$

と表わせる．$U$ 上の異なった $C^{l+1}$ 級局所座標系 $(y_1, \cdots, y_m)$ との間には，

$$dx_{i_1}\wedge\cdots\wedge dx_{i_k} = \sum_{1\leqq j_1<\cdots<j_k\leqq m} \sum_{\sigma\in\mathfrak{S}_k} \mathrm{sgn}(\sigma)\cdot\frac{\partial x_{i_1}}{\partial y_{j_{\sigma(1)}}}\cdots\frac{\partial x_{i_k}}{\partial y_{j_{\sigma(k)}}} \cdot dy_{j_1}\wedge\cdots\wedge dy_{j_k}$$

という関係がなりたつ．これらは，(1.18), (1.19) からわかる．

$U$ 上の $C^l$ 級 $k$ 次微分形式 $\omega$ と $(k\geqq 1)$，$k$ 個の $C^l$ 級ベクトル場 $X_1, \cdots, X_k$ とに対し，$C^l(U)$ の元 $\omega(X_1, \cdots, X_k)$ が，点 $p\in U$ に対して実数 $\omega_p((X_1)_p, \cdots, (X_k)_p)$ を対応させる写像として定義される．

$\varphi$ を $U$ から $\boldsymbol{R}^n$ の開集合 $V$ への $C^{l+1}$ 級写像とする．このとき，線型写像

$d\varphi_p: T_pM \to T_{\varphi(p)}V$ の双対写像として，$\varphi_p{}^*: T_{\varphi(p)}{}^*V \to T_p{}^*M$ が

$$(\varphi_p{}^*\omega_{\varphi(p)})(v) = (\omega_{\varphi(p)})(d\varphi_p v) \qquad (\omega_{\varphi(p)} \in T_{\varphi(p)}{}^*V,\ v \in T_pM)$$

により定義される．これから，

$$\omega_{\varphi(p)} = \sum_{k=0}^{m} (\omega_k)_{\varphi(p)} \qquad ((\omega_k)_{\varphi(p)} \in \bigwedge^k T_p{}^*M)$$

とおくとき，自然に $\varphi_p{}^*: \bigwedge T_{\varphi(p)}{}^*V \to \bigwedge T_p{}^*M$ が

$$\varphi_p{}^*\omega_{\varphi(p)} = \sum_{k=0}^{m} \varphi_p{}^*(\omega_k)_{\varphi(p)},$$

$$(\varphi_p{}^*(\omega_k)_{\varphi(p)})(v_1, \cdots, v_k) = ((\omega_k)_{\varphi(p)})(d\varphi_p v_1, \cdots, d\varphi_p v_k)$$
$$(v_1, \cdots, v_k \in T_pM)$$

を満たすように定義できる．また，$V$ 上の $C^l$ 級微分形式 $\omega$ に対して，$U$ 上の $C^l$ 級微分形式 $\varphi^*\omega$ が $(\varphi^*\omega)_p = \varphi_p{}^*\omega_{\varphi(p)}$ によって定まる．$\varphi$ が(1.1)の形に表わされているならば，

$$\begin{aligned}&\varphi^*(\xi(y_1, \cdots, y_n)dy_{j_1} \wedge \cdots \wedge dy_{j_k})\\ &\quad = \sum_{1 \leqq i_1 < \cdots < i_k \leqq m} \sum_{\sigma \in \mathfrak{S}_k} \mathrm{sgn}(\sigma) \cdot \xi(\varphi_1(x), \cdots, \varphi_n(x))\\ &\qquad \cdot \frac{\partial \varphi_{j_1}}{\partial x_{i_{\sigma(1)}}}(x) \cdots \frac{\partial \varphi_{j_k}}{\partial x_{i_{\sigma(k)}}}(x) \cdot dx_{i_1} \wedge \cdots \wedge dx_{i_k}\end{aligned}$$

が成立する．これは，

$$\begin{aligned}&\varphi^*(\xi(y_1, \cdots, y_n)dy_{j_1} \wedge \cdots \wedge dy_{j_k})_p((\partial/\partial x_{i_1})_p, \cdots, (\partial/\partial x_{i_k})_p)\\ &\quad = (\xi(\varphi_1(p), \cdots, \varphi_n(p))(dy_{j_1})_{\varphi(p)} \wedge \cdots \wedge (dy_{j_k})_{\varphi(p)})(d\varphi_p(\partial/\partial x_{i_1})_p, \cdots,\\ &\qquad d\varphi_p(\partial/\partial x_{i_k})_p)\\ &\quad = \sum_{\sigma \in \mathfrak{S}_k} \mathrm{sgn}(\sigma) \cdot \xi(\varphi_1(p), \cdots, \varphi_n(p)) \prod_{\nu=1}^{k} (dy_{j_{\sigma(\nu)}})_{\varphi(p)}(d\varphi_p(\partial/\partial x_{i_\nu})_p)\end{aligned}$$

と，(1.6) より $(dy_j)_{\varphi(p)}(d\varphi_p(\partial/\partial x_i)_p) = (\partial\varphi_j/\partial x_i)(p)$ となることからわかる．この写像 $\varphi^*$ は微分形式の次数を保ち，また，和および外積と可換，すなわち，$\varphi^*(\omega+\omega') = \varphi^*\omega + \varphi^*\omega'$ かつ $\varphi^*(\omega \wedge \omega') = \varphi^*\omega \wedge \varphi^*\omega'$ である．

以下，簡単のため，$l=\infty$ または $\omega$ とし，$U$ 上の実数値 $C^l$ 級関数全体を $\mathcal{F}(U)$，$C^l$ 級ベクトル場全体を $\mathfrak{X}(U)$，$C^l$ 級微分形式全体を $\Omega(U)$，$C^l$ 級 $k$ 次微分形式全体を $\Omega^k(U)$ と書くことにする．

$A, B$ を $\boldsymbol{R}$ 上のベクトル空間 $V$ から $V$ への $\boldsymbol{R}$ 線型写像とする．$[A, B] = AB$

$-BA$ によって，$V$ から $V$ への $\boldsymbol{R}$ 線型写像が定義され

$$[A, B] = -[B, A]$$

が成立する．$\mathfrak{X}(U)$ の元は，$\mathcal{F}(U)$ から $\mathcal{F}(U)$ への $\boldsymbol{R}$ 線型写像を定めるから，$X, Y \in \mathfrak{X}(U)$ に対し，$[X, Y] \in \mathfrak{X}(U)$ が定義される．局所座標系を用いて，$X = \sum_{i=1}^{m} \lambda_i(\partial/\partial x_i)$，$Y = \sum_{i=1}^{m} \mu_i(\partial/\partial x_i)$ と表わされているとき，

$$[X, Y] = \sum_{i=1}^{m}\left(\sum_{j=1}^{m} \lambda_j \frac{\partial \mu_i}{\partial x_j} - \mu_j \frac{\partial \lambda_i}{\partial x_j}\right)(\partial/\partial x_i)$$

となる．$X, Y, Z \in \mathfrak{X}(U)$ に対し，$[\ ,\ ]$ は次の関係式を満たすことが容易に確かめられる．

$$[fX, gY] = fg[X, Y] + f(Xg)Y - g(Yf)X \qquad (f, g \in \mathcal{F}(U)),$$

$$[X, [Y, Z]] + [Y, [Z, X]] + [Z, [X, Y]] = 0 \qquad (\textbf{Jacobi の恒等式}).$$

さて，次に $\Omega(U)$ におけるいくつかの重要な演算を定義しよう．まず，$\Omega(U)$ から $\Omega(U)$ への写像 $D$ と $D'$ に関して，次の条件を定義する．すなわち，整数 $j$ に対して

$$(1.21)_{2j} \quad \begin{cases} D(\Omega^{(k)}(U)) \subset \Omega^{(k+2j)}(U) \qquad (k=0, 1, 2, \cdots), \\ D \text{ は } \boldsymbol{R} \text{ 線型写像である}, \\ D(\omega \wedge \omega') = (D\omega) \wedge \omega' + \omega \wedge (D\omega') \\ \qquad\qquad (\omega \in \Omega^{(k)}(U)\,;\, \omega' \in \Omega^{(k')}(U)), \end{cases}$$

$$(1.22)_{2j-1} \quad \begin{cases} D'(\Omega^{(k)}(U)) \subset \Omega^{(k+2j-1)}(U) \qquad (k=0, 1, 2, \cdots), \\ D' \text{ は } \boldsymbol{R} \text{ 線型写像である}, \\ D'(\omega \wedge \omega') = (D'\omega) \wedge \omega' + (-1)^k \omega \wedge (D'\omega') \\ \qquad\qquad (\omega \in \Omega^{(k)}(U)\,;\, \omega' \in \Omega^{(k')}(U)) \end{cases}$$

とおく．我々は，$d: \mathcal{F}(U) \to \Omega^{(1)}(U)$ という写像を定義したが，上の条件を満たす $D$ と $D'$ は，$\mathcal{F}(U) = \Omega^{(0)}(U)$ と $d\mathcal{F}(U)$ 上の作用だけでただ一つ定まる：

**補題 1.1** $D_0$ は $\mathcal{F}(U) + d\mathcal{F}(U)\,(\subset \Omega(U))$ から $\Omega(U)$ への $\boldsymbol{R}$ 線型写像で，次の条件を満たすとする．

$$D_0(\mathcal{F}(U)) \subset \Omega^{(2j)}(U), \qquad D_0(d\mathcal{F}(U)) \subset \Omega^{(2j+1)}(U),$$

$$D_0(f \cdot g) = g(D_0 f) + f(D_0 g) \qquad (f, g \in \mathcal{F}(U)).$$

このとき，$D_0$ の拡張 $D$ で $(1.21)_{2j}$ を満たすものがただ一つ存在する．また，$D_0$ に対して，$2j$ を $2j-1$ でおきかえた条件が成立するなら，$(1.22)_{2j-1}$ を満たす

$D_0$ の拡張 $D'$ がただ一つ存在する.

**証明**　後者の場合，まず一意性を示す．$U$ 上の局所座標系を用いれば，$k$ に関する帰納法により，$\xi \in \mathcal{F}(U)$ に対し

(1.23)

$$
\begin{aligned}
&D'(\xi dx_{i_1}\wedge\cdots\wedge dx_{i_k})\\
&\quad = D'(\xi dx_{i_1}\wedge\cdots\wedge dx_{i_{k-1}})\wedge dx_{i_k}+(-1)^{k-1}(\xi dx_{i_1}\wedge\cdots\wedge dx_{i_{k-1}})\wedge D'dx_{i_k}\\
&\quad = (D_0\xi)\wedge dx_{i_1}\wedge\cdots\wedge dx_{i_k}+\sum_{\nu=1}^{k}(-1)^{\nu-1}\xi dx_{i_1}\wedge\cdots\wedge D_0dx_{i_\nu}\wedge\cdots\wedge dx_{i_k}
\end{aligned}
$$

となるので，$D'$ の線型性から，$D'$ がただ一つ定まることがわかる．逆に与えられた $D_0$ に対し，(1.23) と線型性により $\Omega(U)$ から $\Omega(U)$ への写像 $D'$ を定義しよう．実際，異なった添字 $\mu, \mu' \in \{1, \cdots, k\}$ に対し，(1.23) で $i_\mu$ と $i_{\mu'}$ を交換すると，$D_0dx_{i_\nu}$ は偶数次だから右辺も $-1$ 倍されることがわかる．よって，添字の順序にかかわらず，(1.23) により $D'$ が定義可能である．この $D'$ は明らかに，$(1.22)_{2j-1}$ の最初の二つの条件を満たす．最後の条件は，$\omega=\xi dx_{i_1}\wedge\cdots\wedge dx_{i_k}$, $\omega'=\eta dx_{i_{k+1}}\wedge\cdots\wedge dx_{i_{k+k'}}$ に対し

$$
\begin{aligned}
&D'(\xi dx_{i_1}\wedge\cdots\wedge dx_{i_k}\wedge\eta dx_{i_{k+1}}\wedge\cdots\wedge dx_{i_{k+k'}}) = D'(\xi\eta dx_{i_1}\wedge\cdots\wedge dx_{i_{k+k'}})\\
&\quad = D_0(\xi\eta)\wedge dx_{i_1}\wedge\cdots\wedge dx_{i_{k+k'}}+\sum_{\nu=1}^{k+k'}(-1)^{\nu-1}\xi\eta dx_{i_1}\wedge\cdots\wedge D_0dx_{i_\nu}\wedge\\
&\qquad\cdots\wedge dx_{i_{k+k'}}\\
&\quad = \eta(D_0\xi)\wedge dx_{i_1}\wedge\cdots\wedge dx_{i_{k+k'}}+\sum_{\nu=1}^{k}(-1)^{\nu-1}\xi\eta dx_{i_1}\wedge\cdots\wedge D_0dx_{i_\nu}\wedge\\
&\qquad\cdots\wedge dx_{i_{k+k'}}\\
&\qquad +\xi(D_0\eta)\wedge dx_{i_1}\wedge\cdots\wedge dx_{i_{k+k'}}+(-1)^k\sum_{\nu=1}^{k'}(-1)^{\nu-1}\xi\eta dx_{i_1}\wedge\\
&\qquad\cdots\wedge D_0dx_{i_{k+\nu}}\wedge\cdots\wedge dx_{i_{k+k'}}\\
&\quad = (D'\omega)\wedge\omega'+(-1)^k\omega\wedge(D'\omega')
\end{aligned}
$$

となることと，線型性とからわかる．したがって，求める $D'$ の存在と一意性が示された．前者の $D$ の存在と一意性も，まったく同様に証明される．▌

**定義1.1**　補題1.1より，$\Omega(U)$ 上の次の写像 $d, \iota_X, L_X$ が定義されることがわかる：

**外微分作用素** $d$ は次の条件を満たす．

(i) $f\in\mathcal{F}(U)$ に対し，$df\in\Omega^{(1)}(U)$ はすでに定義したものと一致する．

(ii) $d\circ d\mathcal{F}(U)=0$.

(iii) $d$ は $(1.22)_1$ の条件を満たす．

$X\in\mathcal{X}(U)$ に対し，$X$ による**内部積** $\iota_X$ は，次の条件を満たす．

(i) $\iota_X f=0 \qquad (f\in\mathcal{F}(U))$.

(ii) $\iota_X df=Xf\in\Omega^{(0)}(U) \quad (f\in\mathcal{F}(U))$.

(iii) $\iota_X$ は $(1.22)_{-1}$ の条件を満たす．

$X\in\mathcal{X}(U)$ に対し，$X$ による **Lie 微分** $L_X$ は次の条件を満たす．

(i) $L_X f=Xf\in\Omega^{(0)}(U) \qquad (f\in\mathcal{F}(U))$.

(ii) $L_X df=dL_X f\in\Omega^{(1)}(U) \quad (f\in\mathcal{F}(U))$.

(iii) $L_X$ は $(1.21)_0$ の条件を満たす．——

これらの演算の間の関係を調べるため，次の補題を準備する：

**補題 1.2** $D_\nu$ は条件 $(1.21)_{2j_\nu}$ を満たし，$D_\nu'$ は条件 $(1.22)_{2j_\nu'-1}$ $(\nu=1,2)$ を満たすならば，$[D_1,D_2]$ は $(1.21)_{2(j_1+j_2)}$ を，$[D_1,D_1']$ は $(1.22)_{2(j_1+j_1')-1}$ を，$D_1'\circ D_2'+D_2'\circ D_1'$ は $(1.21)_{2(j_1'+j_2'-1)}$ を満たす．特に，$D_1'^2=D_1'\circ D_1'$ は $(1.21)_{2(2j_1'-1)}$ を満たす．

**証明** 証明はいずれも同様にできるから，$[D_1,D_1']$ の場合のみ行なう．$[D_1, D_1']$ が $(1.22)_{2(j_1+j_1')-1}$ の最初の二つの条件を満たすのは明らかである．$\omega\in\Omega^{(k)}(U)$，$\omega'\in\Omega^{(k')}(U)$ に対して，

$$
\begin{aligned}
&[D_1,D_1'](\omega\wedge\omega')\\
&\quad=D_1(D_1'\omega\wedge\omega'+(-1)^k\omega\wedge D_1'\omega')-D_1'(D_1\omega\wedge\omega'+\omega\wedge D_1\omega')\\
&\quad=(D_1\circ D_1'\omega-D_1'\circ D_1\omega)\wedge\omega'+(-1)^k\omega\wedge(D_1\circ D_1'\omega'-D_1'\circ D_1\omega')\\
&\quad=([D_1,D_1']\omega)\wedge\omega'+(-1)^k\omega\wedge([D_1,D_1']\omega')
\end{aligned}
$$

となるが，これは3番目の条件である．▌

**定理 1.3** $X,Y\in\mathcal{X}(U)$ に対して，

$$
\begin{aligned}
&d^2=0,\\
&\iota_X\circ\iota_Y+\iota_Y\circ\iota_X=0,\\
&L_{[X,Y]}=[L_X,L_Y],\\
&[d,L_X]=0,\\
&\iota_{[X,Y]}=[L_X,\iota_Y],
\end{aligned}
$$

$$L_X = d\circ\iota_X + \iota_X\circ d \qquad (\textbf{H. Cartan の関係式}).$$

**証明** 補題1.1と補題1.2から上の関係式が $\mathcal{F}(U)$ と $d\mathcal{F}(U)$ の上で成立することのみをみればよい．しかしそれは容易に確かめられる．たとえば，$f\in\mathcal{F}(U)$ に対し，

$$(d\circ\iota_X + \iota_X\circ d)f = \iota_X(df) = Xf = L_Xf,$$
$$(d\circ\iota_X + \iota_X\circ d)df = d\circ\iota_X(df) = d(Xf) = d\circ L_Xf = L_X(df)$$

である．∎

また，$\omega\in\Omega^{(k)}(U)$，$X_1, \cdots, X_k\in\mathcal{X}(U)$ に対し，次式が成立する．

(1.24) $$(\iota_{X_1}\omega)(X_2, \cdots, X_k) = \omega(X_1, \cdots, X_k).$$

(1.25) $$\iota_{X_k}\circ\cdots\circ\iota_{X_1}\omega = \omega(X_1, \cdots, X_k).$$

(1.24)を示すには，両辺とも $X_1, \omega$ に関し線型で，$X_2, \cdots, X_k$ に関し歪対称多重線型であるから，$\omega=\xi dx_{i_1}\wedge\cdots\wedge dx_{i_k}$，$X_\nu=\lambda_\nu\partial/\partial x_{j_\nu}$ で，さらに $i_1<\cdots<i_k$，$j_2<\cdots<j_k$ となる場合のみ考えればよい．すると，

$$\text{左辺} = \sum_{\nu=1}^{k}(-1)^{\nu-1}(\xi dx_{i_1}\wedge\cdots\wedge X_1x_{i_\nu}\wedge\cdots\wedge dx_{i_k})(\lambda_2\partial/\partial x_{j_2}, \cdots, \lambda_k\partial/\partial x_{j_k})$$
$$= \sum_{\nu=1}^{k}(-1)^{\nu-1}\xi\lambda_1\cdots\lambda_k\delta_{i_1j_2}\cdots\delta_{i_{\nu-1}j_\nu}\delta_{i_\nu j_1}\delta_{i_{\nu+1}j_{\nu+1}}\cdots\delta_{i_kj_k} = \text{右辺}$$

となる．一方，(1.25)は(1.24)を繰り返し適用すれば得られる．

(1.24)をみれば，$M$ の点 $p$ に対し，$(\iota_X\omega)_p$ は $X_p$ と $\omega_p$ によってのみ定まることがわかる．よって，$(\iota_X\omega)_p$ を $\iota_{X_p}\omega_p$ と表わす．すなわち，$T_pM$ の元 $v$ に対し，$\iota_v$ は $\bigwedge T_p{}^*M$ から $\bigwedge T_p{}^*M$ への写像で，$\bigwedge^k T_p{}^*M$ の像は $\bigwedge^{k-1} T_p{}^*M$ に入る．

$\varphi$ は $U$ から $\boldsymbol{R}^n$ の開集合 $V$ への写像で，(1.1)の形に表わしたとき，$\varphi_j\in\mathcal{F}(U)$ となるとする．このとき，$\varphi^*$ と外微分作用素は可換である．すなわち，

(1.26) $$d\circ\varphi^* = \varphi^*\circ d$$

がなりたつ．実際，それは，$\omega=\eta dy_{j_1}\wedge\cdots\wedge dy_{j_k}\in\Omega^k(V)$ に対し，$k$ に関する帰納法を使って

$$\begin{aligned} d\circ\varphi^*\omega &= d(\varphi^*(\eta dy_{j_1}\wedge\cdots\wedge dy_{j_{k-1}})\wedge\varphi^*(dy_{j_k})) \\ &= \varphi^*(d(\eta dy_{j_1}\wedge\cdots\wedge dy_{j_{k-1}}))\wedge\varphi^*(dy_{j_k}) \\ &\quad +(-1)^{k-1}\varphi^*(\eta dy_{j_1}\wedge\cdots\wedge dy_{j_{k-1}})\wedge\varphi^*(ddy_k) \\ &= \varphi^*(d(\eta dy_{j_1}\wedge\cdots\wedge dy_{j_{k-1}}\wedge dy_{j_k})) \end{aligned}$$

$$= \varphi^* \circ d\omega$$

となることからわかる.

次に, Lie 微分と局所1パラメータ変換群との関係を調べよう.

**定理 1.4** ベクトル場 $X \in \mathcal{X}(U)$ が与えられたとき, 各点 $p \in U$ に対して, $p$ の開近傍 $U_p$ と正数 $\varepsilon$ に対し定義された写像の族 $\varphi_{(t)}: U_p \to M$ で次のようなものがただ一つ存在する.

(i) $(t, q) \mapsto \varphi_{(t)}(q)$ なる写像 $\varphi: (-\varepsilon, \varepsilon) \times U_p \to M$ は $C^l$ 級で, $\varphi_{(0)}(q) = q$ を満たす. ($l = \infty$ または $\omega$ であった.)

(ii) $|t|, |s|, |t+s|$ がすべて $\varepsilon$ より小で, $q \in U_p$, $\varphi_{(s)}(q) \in U_p$ ならば,

$$\varphi_{(t+s)}(q) = \varphi_{(t)} \circ \varphi_{(s)}(q).$$

(iii) 各点 $q \in U_p$ に対し, $t \mapsto \varphi_{(t)}(q)$ なる曲線が $q$ で定義する接ベクトルは $X_q$ に一致する. すなわち,

$$X_q f = \lim_{t \to 0} \frac{f(\varphi_{(t)}(q)) - f(q)}{t} \qquad (f \in \mathcal{F}(U_p)).$$

**証明** 点 $p$ の近傍での局所座標系を用いて, $X = \sum_{i=1}^{m} \lambda_i (\partial/\partial x_i)$ と表わす. 定理 1.2 より, 常微分方程式系

$$\frac{d\varphi_i}{dt} = \lambda_i(\varphi_1, \cdots, \varphi_m) \qquad (i = 1, \cdots, m) \tag{1.27}$$

は, $t=0$ のとき初期条件 $\varphi_i = x_i$ を満たす解 $\varphi_i(t; x_1, \cdots, x_m)$ をただ一つもつことがわかる. 正数 $\varepsilon$ と $p$ の開近傍 $U_p$ を十分小さくとれば, $t \in (-\varepsilon, \varepsilon)$, $x \in U_p$ で $\varphi_i$ が定義されて, しかも $\varphi_{(t)} = (\varphi_1, \cdots, \varphi_m) \in U$ となるようにでき, $\varphi_{(t)}$ は (i) と (iii) を満たす. 関数 $\psi_i(t; x_1, \cdots, x_m) = \varphi_i(t+s; x_1, \cdots, x_m)$ は, 初期条件 $\psi_i(0; x_1, \cdots, x_m) = \varphi_i(s; x_1, \cdots, x_m)$ をみたす (1.27) の解であって, 解の一意性から $\psi_i(t; x_1, \cdots, x_m) = \varphi_i(t; \varphi_1(s; x_1, \cdots, x_m), \cdots, \varphi_m(s; x_1, \cdots, x_m))$ となるが, これは (ii) を意味する. 一方, (iii) の条件は, $\varphi_{(t)} = (\varphi_1, \cdots, \varphi_m)$ とおいたとき, (1.27) が成立することを意味するから, $\varphi_{(t)}$ の一意性も (1.27) の解の一意性からでる. ▌

この $\varphi_{(t)}$ のことを, $U$ 上のベクトル場 $X$ の生成する点 $p$ のまわりの**局所1パラメータ変換群**という. 初期条件から $(\partial\varphi_i/\partial x_j)(0, p) = \delta_{ij}$ がわかるので, $|t|$ が十分小さければ $\{D(\varphi_1, \cdots, \varphi_m)/D(x_1, \cdots, x_m)\}(t, p) \neq 0$ となる. よって定理 1.1

により，$p$ の開近傍 $V$ が存在して，$\varphi_{(t)}$ は $V$ から $\varphi_{(t)}(V)$ への微分同相写像となる．したがって，ベクトル場 $Y \in \mathcal{X}(\varphi_{(t)}(V))$ に対し，$V$ 上のベクトル場 $\varphi_{(t)}{}^* Y$ が，$(\varphi_{(t)}{}^* Y)(f) = (Y(f \circ \varphi_{(t)}{}^{-1})) \circ \varphi_{(t)}$ によって定義できる $(f \in \mathcal{F}(U))$．

**定理 1.5** 上と同じ記号を用いたとき，次の関係式が成立する．

$$L_X \omega = \lim_{t \to 0} \frac{(\varphi_{(t)}{}^* \omega - \omega)}{t} \qquad (\omega \in \Omega(V)).$$

$$[X, Y] = \lim_{t \to 0} \frac{(\varphi_{(t)}{}^* Y - Y)}{t} \qquad (Y \in \mathcal{X}(V)).$$

**証明** $L_X' \omega = \lim_{t \to 0} (\varphi_{(t)}{}^* \omega - \omega)/t$ とおくと，

$$L_X' f = Xf = L_X f \qquad (f \in \mathcal{F}(V)),$$

$$\begin{aligned} L_X' df &= \lim_{t \to 0} (\varphi_{(t)}{}^* df - df) \\ &= \lim_{t \to 0} (d(\varphi_{(t)}{}^* f - f)) \\ &= dL_X' f = dL_X f = L_X df, \end{aligned}$$

$$\begin{aligned} L_X'(\omega \wedge \omega') &= \lim_{t \to 0} (\varphi_{(t)}{}^* \omega \wedge \varphi_{(t)}{}^* \omega' - \omega \wedge \omega') \\ &= \lim_{t \to 0} \{(\varphi_{(t)}{}^* \omega - \omega) \wedge \varphi_{(t)}{}^* \omega' + \omega \wedge (\varphi_{(t)}{}^* \omega' - \omega')\} \\ &= (L_X' \omega) \wedge \omega' + \omega \wedge (L_X' \omega') \end{aligned}$$

となるので，補題 1.1 から $L_X' = L_X$ がわかる．また，$f \in \mathcal{F}(V)$ に対し，

$$\begin{aligned} \varphi_{(t)}{}^*(Yf) - Yf &= (\varphi_{(t)}{}^* Y)(\varphi_{(t)}{}^* f) - Yf \\ &= (\varphi_{(t)}{}^* Y)(\varphi_{(t)}{}^* f - f) + (\varphi_{(t)}{}^* Y - Y)(f) \end{aligned}$$

となるから，

$$\lim_{t \to 0} \frac{(\varphi_{(t)}{}^* Y - Y)(f)}{t} = L_X(Yf) - Y(L_X f) = [X, Y] f$$

を得る．▮

そこで，ベクトル場 $Y \in \mathcal{X}(U)$ に対しても，$L_X Y = [X, Y]$ と定義しよう．このとき，定理 1.3 の $L_{[X,Y]} = [L_X, L_Y]$ は Jacobi の恒等式に対応する．

次に，部分多様体を定義し，部分多様体上にも，ベクトル場，微分形式などの概念や外微分などの演算が定義されることを述べよう．

**定義 1.2** $\boldsymbol{R}^m$ の開集合 $M$ と $M$ の部分集合 $N$ に対し，$N$ が $M$ の $n$ 次元の(または余次元 $(m-n)$ の) **部分多様体**であるとは，$N$ の各点 $p$ に対し，$p$ の開近

傍 $U$ と，$(df_1)_p, \cdots, (df_{m-n})_p$ が1次独立となるような関数 $f_1, \cdots, f_{m-n} \in \mathcal{F}(U)$ が存在して，

$$N \cap U = \{q \in U \mid f_1(q) = \cdots = f_{m-n}(q) = 0\}$$

と表わされることである．さらに，$N$ が $M$ の閉集合であるときは，$N$ を $M$ の**閉部分多様体**という．——

$(x_1, \cdots, x_m)$ を $U$ での局所座標系とする．このとき，適当に $\{i_1, \cdots, i_n\} \subset \{1, \cdots, m\}$ を選んで，$(df_1)_p, \cdots, (df_{m-n})_p$, $(dx_{i_1})_p, \cdots, (dx_{i_n})_p$ が1次独立となるようにできる．陰関数の定理により，$(x_1, \cdots, x_n, f_1, \cdots, f_{m-n})$ は，点 $p$ の $M$ におけるある近傍での局所座標系を定義していることがわかる．したがって，上の定義は次のようにいってもよい．すなわち，$p \in N$ に対し，$p$ の開近傍 $U$ とそこでの局所座標系 $(x_1, \cdots, x_m)$ が存在して

$$N \cap U = \{(x_1, \cdots, x_m) \in U \mid x_{n+1} = \cdots = x_m = 0\} \tag{1.28}$$

と表わせる．このとき，

$$\begin{array}{cccc} \varphi\colon & N \cap U & \longrightarrow & \boldsymbol{R}^n \\ & \rotatebox{90}{$\in$} & & \rotatebox{90}{$\in$} \\ & (x_1, \cdots, x_m) & \longmapsto & (x_1, \cdots, x_n) \end{array}$$

という写像は，$N \cap U$ から $\boldsymbol{R}^n$ の開集合 $W = \varphi(N \cap U)$ の上への位相同型となるので，関数の組 $(x_1, \cdots, x_n)$ を $N \cap U$ 上に制限したもの $(y_1, \cdots, y_n)$ を，$N$ の点 $p$ の座標近傍 $N \cap U$ における局所座標系という．この $\varphi$ によって，$N \cap U$ と $W$ とを同一視すれば，$N \cap U$ 上のベクトル場，微分形式，外微分などの概念が定義される．たとえば，$\mathcal{F}(N \cap U)$ とは，$N \cap U$ 上の関数 $g$ であって，$g \circ \varphi^{-1} \in \mathcal{F}(W)$ となるもの全体である．$\varphi$ によって $\mathcal{F}(N \cap U)$ の元と $\mathcal{F}(W)$ の元とは1対1に対応している．点 $p \in N$ における $N$ の接空間 $T_pN$ の元 $v$ は，$N$ に含まれる $M$ 内の可微分曲線 $c(t)$ で，$c(0) = p$ をみたすものによって

$$v(g) = \left\{\frac{dg(c(t))}{dt}\right\}_{t=0} \qquad (g \in \mathcal{F}(N \cap U))$$

と定義される．$\varphi$ によって，$p$ を通る $N \cap U$ 内の曲線と $\varphi(p)$ を通る $W$ 内の曲線とが1対1に対応し，これは $T_pN$ と $T_pW$ との同一視を与える．$N \cap U$ 上のベクトル場や微分形式などについてもまったく同様であって，それは具体的に局所座標系 $(y_1, \cdots, y_n)$ を用いて表現できる．

$N$ 上の関数の空間 $\mathcal{F}(N)$ は，$N$ 上の関数 $g$ であって，すべての $N$ の座標近

傍 $V_i$ に対して，$g$ の $V_i$ 上への制限 $g|_{V_i}$ が $\mathscr{F}(V_i)$ の元となるもの全体のなす線型空間として定義される．この $\mathscr{F}(N)$ と $T_pN$ をもとにして，以前に行なった定義や推論は，$U$ と $\boldsymbol{m}$ を $N$ と $\boldsymbol{n}$ におきかえ，また標準座標系を $N$ の各点の座標近傍での局所座標系でおきかえればそのまま有効なことがわかる．このようにして，$N$ 上のベクトル場の空間 $\mathfrak{X}(N)$ や微分形式の空間 $\Omega(N)$ が定義され，たとえば定理1.3なども成立する．

次に，$\mathfrak{X}(N)$ や $\Omega(N)$ はどのように具体的に表わされるかをみよう．$N$ の座標近傍による開被覆 $N=\bigcup_{i\in\Lambda} V_i$ が与えられているとしよう．このとき，$V_i$ の局所座標系を $(y_1^i, \cdots, y_n^i)$ とし，$\varphi_i: V_i\to \boldsymbol{R}^n$ を $V_i$ と $\boldsymbol{R}^n$ の開集合 $W_i$ との同一視とする．$V_i\cap V_j\neq\phi$ であるなら，微分同相 $\varphi_i\circ\varphi_j^{-1}: \varphi_j(V_i\cap V_j)\to\varphi_i(V_i\cap V_j)$ が定義される．たとえば $\omega\in\Omega(N)$ が与えられたとき，$\varphi_i$ により $\omega$ の $V_i$ への制限 $\omega|_{V_i}$ と $\omega_i\in\Omega(W_i)$ とが対応しているとしよう．$\omega_i|_{\varphi_i(V_i\cap V_j)}$ と $\omega_j|_{\varphi_j(V_i\cap V_j)}$ はともに $\omega|_{V_i\cap V_j}$ に対応しているから

(1.29) $$(\varphi_i\circ\varphi_j^{-1})^*\omega_i|_{\varphi_i(V_i\cap V_j)} = \omega_j|_{\varphi_j(V_i\cap V_j)}$$

が満たされる．すなわち，$(y_1^i, \cdots, y_n^i)$ も $(y_1^j, \cdots, y_n^j)$ もともに $\varphi_i(V_i\cap V_j)$ の局所座標系と考えられるが，それらで $\omega_i$ と $\omega_j$ を表示したとき，同一の $\Omega(\varphi_i(V_i\cap V_j))$ の元を定めているということである．逆に，$\omega_i\in\Omega(W_i)$ が $i\in\Lambda$ に対して与えられていて，$V_i\cap V_j\neq\phi$ となる $(i,j)$ に対して(1.29)が成立するとき，それはある $\Omega(N)$ の元 $\omega$ を定めている．このようにして，$\omega\in\Omega(N)$ は，局所座標系の族 $(y_1^i, \cdots, y_m^i)$ $(i\in\Lambda)$ を用いて表わすことができる．これは，$N$ 上のベクトル場についてもまったく同様である．

このような考え方は一般の多様体の概念を導くが，それについてはここではふれない．実際，以下の節では，すべての議論が本質的に座標近傍だけに限って遂行されるので，それは Euclid 空間の開集合だと思ってさしつかえない．

続けて，上と同じ記号を用いよう．$M$ 上の微分形式 $\omega\in\Omega(M)$ が与えられたとする．$N$ から $M$ への自然な単射を $\iota$ とするとき，$\iota^*\omega$ を $\omega|_N$ と表わす．$\varphi_i^{-1}$ は $W_i$ から $M$ への写像を定義するので，$\Omega(W_i)$ の元 $\omega_i=(\varphi_i^{-1})^*\omega$ が定まる．この $(\omega_i)_{i\in\Lambda}$ が $\omega|_N$ に対応している．

$N$ の**部分多様体**とは，$N$ の部分集合 $N'$ であって，各点 $p\in N'$ の近傍で $N$ の局所座標系を用いて，(1.28)と同様の表示ができる場合をいう．このとき，$N'$

が $M$ の部分多様体となることは明らかである.

$T_pN$ の元 $v$ は, $N$ 内の曲線 $c(t)$ を使って(1.27)により定義されたが, $c(t)$ は $T_pM$ の元 $v'$ をも定める. $\mathcal{F}(U)$ の元の $v'$ による像は, その元を $N\cap U$ に制限したものの $v$ による像に一致している. $\mathcal{F}(U)$ の元の $N\cap U$ への制限全体は, $\mathcal{F}(N\cap U)$ になることに注意すれば, $v$ と $v'$ とを同一視でき, $T_pN\subset T_pM$ とみなせる. $N$ が定義1.2の形に表わされているなら, この同一視により

$$T_pN=\{v\in T_pM\mid v(f_i)=0\ (i=1,\cdots,m-n)\} \tag{1.30}$$

である. 実際, $f_i|_{N\cap U}=0$ であるから, 上に述べたことにより, 左辺⊂右辺は明らかである. また, $(df_1)_p,\cdots,(df_{m-n})_p$ は1次独立であるから, 両辺の次元はともに $n$ となり, 左辺=右辺がわかる. $N$ の接空間 $TN=\bigcup_{p\in N}T_pN$ は, $TM$ の $2n$ 次元部分多様体とみなせる. それをみるため, (1.28)の表示を用いよう. $q\in U$ に対し, $T_qM$ の元は $\sum_{i=1}^{m}\lambda_i(\partial/\partial x_i)_q$ と表わされる. よって, $TM$ の点は $\tau^{-1}(U)$ 上で局所座標系 $(x_1,\cdots,x_m,\lambda_1,\cdots,\lambda_m)$ を用いて表わされる($\tau$ は $TM$ から $M$ への射影). このとき,

$$\begin{aligned}TN\cap\tau^{-1}(U)=&\ \{(x_1,\cdots,x_m,\lambda_1,\cdots,\lambda_m)\in\tau^{-1}(U)\subset TM\mid x_{n+1}=\cdots\\&=x_m=\lambda_{n+1}=\cdots=\lambda_m=0\}\end{aligned}$$

となる. また, $T^*M$ の部分多様体 $T_N{}^*M$ を

$$\begin{aligned}T_N{}^*M&=\{w\in T^*M\mid\pi(w)\in N,\ w(v)=0\ (v\in T_{\pi(w)}N)\}\\&=\bigcup_{p\in N}(T_pN)^{\perp}\end{aligned}$$

により定義し, $N$ の $M$ における**余法バンドル**という. (一般に, 線型空間 $V$ と $V^*$ とが互いに双対空間のとき, $V$ の部分空間 $V_1$ を零化する $V^*$ の元全体を $V_1{}^{\perp}$ と書く.) この場合も, $T_q{}^*M$ の元を, $U$ の局所座標系を用いて $\sum_{i=1}^{m}\xi_i(dx_i)_q$ と表わすことにすれば, $(x_1,\cdots,x_m,\xi_1,\cdots,\xi_m)$ は $T^*M$ の開集合 $\pi^{-1}(U)$ 上での局所座標系であり

$$\begin{aligned}T_N{}^*M\cap\pi^{-1}(U)=&\ \{(x_1,\cdots,x_m,\xi_1,\cdots,\xi_m)\in\pi^{-1}(U)\subset T^*M\mid x_{n+1}=\cdots\\&=x_m=\xi_1=\cdots=\xi_n=0\}\end{aligned}$$

となる. $T^*M$ の部分多様体 $T_N{}^*M$ の次元は, $N$ の次元と無関係で, いつも $m$ (=$M$ の次元)である.

次に, 部分多様体の例をあげよう.

**例 1.1** $n$ 次元**球面** $S^n$ は，$\boldsymbol{R}^{n+1}$ の閉部分多様体で，

$$S^n = \{(x_1, \cdots, x_{n+1}) \in \boldsymbol{R}^{n+1} \mid |x|^2 \equiv {x_1}^2 + \cdots + {x_{n+1}}^2 = 1\}$$

により定義される．

$S^n$ が部分多様体となることは，$d|x|^2 = 2x_1dx_1 + \cdots + 2x_{n+1}dx_{n+1}$ が $S^n$ 上のどの点でも消えないことからわかる．${\boldsymbol{R}_{i,\pm}}^{n+1} = \{(x_1, \cdots, x_{n+1}) \in \boldsymbol{R}^{n+1} \mid \pm x_i > 0\}$ とおくと，$(x_1, \cdots, x_{i-1}, |x|, x_{i+1}, \cdots, x_{n+1})$ が ${\boldsymbol{R}_{i,\pm}}^{n+1}$ の局所座標系として選べる．${S_{i,\pm}}^n = S^n \cap {\boldsymbol{R}_{i,\pm}}^{n+1}$ とおくと，${S_{i,\pm}}^n$ の全体が $S^n$ の開被覆となり，$(x_1, \cdots, x_{i-1}, x_{i+1}, \cdots, x_{n+1})$ が ${S_{i,\pm}}^n$ での $S$ の局所座標系にとれる．これによって，${S_{i,\pm}}^n$ は $\boldsymbol{R}^n$ の単位球$(= \{(y_1, \cdots, y_n) \in \boldsymbol{R}^n \mid |y|^2 < 1\})$と同一視される．${S_{i,\pm}}^n$ と ${S_{j,\pm}}^n$ $(i \neq j)$との共通部分では，局所座標系として$(x_1, \cdots, x_{i-1}, x_{i+1}, \cdots, x_{n+1})$と$(x_1, \cdots, x_{j-1}, x_{j+1}, \cdots, x_{n+1})$がとれる．この二つの座標系の関係は，たとえば ${S_{i,+}}^n \cap {S_{j,+}}^n$ では $x_j = (1 - {x_1}^2 - \cdots - {x_{j-1}}^2 - {x_{j+1}}^2 - \cdots - {x_{n+1}}^2)^{1/2}$ で与えられる．これらの関係を用いれば，この局所座標系の族によって $S^n$ 上のベクトル場や微分形式が表示される．

$\boldsymbol{R}^{2m+2}$ 上で定義された Pfaff 形式

$$\omega = x_1dx_2 - x_2dx_1 + x_3dx_4 - x_4dx_3 + \cdots + x_{2m+1}dx_{2m+2} - x_{2m+2}dx_{2m+1}$$

を考えよう．$d\omega$ の $m$ 個の外積を $(d\omega)^m$ と表わすと，

$$d\omega = 2(dx_1 \wedge dx_2 + dx_3 \wedge dx_4 + \cdots + dx_{2m+1} \wedge dx_{2m+2}),$$

$$(d\omega)^m = 2^m m! \sum_{j=0}^{m} dx_1 \wedge dx_2 \wedge \cdots \wedge dx_{2j-1} \wedge dx_{2j} \wedge dx_{2j+3} \wedge dx_{2j+4} \wedge \cdots \wedge dx_{2m+1} \wedge dx_{2m+2},$$

$$\omega \wedge (d\omega)^m = 2^m m! \sum_{\nu=1}^{2m+2} (-1)^{\nu-1} x_\nu dx_1 \wedge \cdots \wedge dx_{\nu-1} \wedge dx_{\nu+1} \wedge \cdots \wedge dx_{2m+2}$$

となる．$\omega' = \omega|_{S^{2m+1}}$ と $\omega' \wedge (d\omega')^m$ を求めよう．

$$\begin{aligned}(1 - {x_1}^2 - \cdots - {x_{2\nu}}^2 - {x_{2\nu+2}}^2 - \cdots - {x_{2m+2}}^2)^{1/2} dx_{2\nu+2} - x_{2\nu+2} d(1 - {x_1}^2 \\ - \cdots - {x_{2\nu}}^2 - {x_{2\nu+2}}^2 - \cdots - {x_{2k+2}}^2)^{1/2} = (1 - |x|^2 + {x_{2\nu+1}}^2)^{-1/2} \times \\ \left\{(1 - |x|^2 + {x_{2\nu+1}}^2 + {x_{2\nu+2}}^2) dx_{2\nu+2} + \sum_{j=1}^{2\nu} x_{2\nu+2} x_j dx_j + \sum_{j=2\nu+3}^{2m+2} x_{2\nu+2} x_j dx_j\right\}\end{aligned}$$

であるから，${S_{2\nu+1,\pm}}^{2m+1}$ 上では，局所座標系により

$$\omega' = \sum_{\substack{0\leqq j\leqq m\\ j\neq\nu}} \{(x_{2j+1} \pm x_{2\nu+2}x_{2j+2}(1-x_1{}^2-\cdots-x_{2\nu}{}^2-x_{2\nu+2}{}^2-\cdots$$
$$-x_{2m+2}{}^2)^{-1/2})dx_{2j+2}-(x_{2j+2}\mp x_{2\nu+2}x_{2j+1}(1-x_1{}^2-\cdots$$
$$-x_{2\nu}{}^2-x_{2\nu+2}{}^2-\cdots-x_{2m+2}{}^2)^{-1/2})dx_{2j+1}\}$$
$$+(1-x_1{}^2-\cdots-x_{2\nu}{}^2-x_{2\nu+3}{}^2-\cdots-x_{2m+2}{}^2)(1-x_1{}^2-\cdots$$
$$-x_{2\nu}{}^2-x_{2\nu+2}{}^2-\cdots-x_{2m+2}{}^2)^{-1/2}dx_{2\nu+2}$$

と表わせる．$S_{2\nu,\pm}{}^{2m+1}$ 上でも，同じような表示が得られる．また，$\omega'\wedge(d\omega')^m=\omega\wedge(d\omega)^m|_{S^{2m+1}}$ であるから，$S_{i,\pm}{}^{2m+1}$ 上で

$$\omega'\wedge(d\omega')^m = \pm 2^m m!\{(-1)^{i-1}(1-x_1{}^2-\cdots-x_{i-1}{}^2-x_{i+1}{}^2-\cdots-x_{2m+2}{}^2)^{1/2}$$
$$-\sum_{\substack{1\leqq\nu\leqq 2m+2\\ \nu\neq i}}(-1)^{\nu-1+\nu-i+1}x_\nu{}^2(1-x_1{}^2-\cdots-x_{i-1}{}^2-x_{i+1}{}^2-\cdots$$
$$-x_{2m+2}{}^2)^{-1/2}\}dx_1\wedge\cdots\wedge dx_{i-1}\wedge dx_{i+1}\wedge\cdots\wedge dx_{2m+2}$$
$$= \mp 2^m(-1)^i m!(1-x_1{}^2-\cdots-x_{i-1}{}^2-x_{i+1}{}^2-\cdots$$
$$-x_{2m+2}{}^2)^{-1/2}dx_1\wedge\cdots\wedge dx_{i-1}\wedge dx_{i+1}\wedge\cdots\wedge dx_{2m+2}$$

という表示を得る．したがって，$(\omega'\wedge(d\omega')^m)_p\neq 0$ がすべての $p\in S^{2m+1}$ に対して成立することがわかる．

$\boldsymbol{R}^{n+1}-\{0\}$ の点 $\xi=(\xi_1,\cdots,\xi_{n+1})$ と $\xi'=(\xi_1',\cdots,\xi_{n+1}')$ に対し，同値関係 $\xi\sim\xi'$ を，ある正数 $c$ が存在して $\xi'=c\xi$ $(=(c\xi_1,\cdots,c\xi_{n+1}))$ となることと定義する．この同値関係による $\boldsymbol{R}^{n+1}-\{0\}$ の商空間は $S^n$ と同型になるので，この同値関係の入った $(\xi_1,\cdots,\xi_{n+1})$ を $S^n$ の座標系と考えることができ，それを $S^n$ の**同次座標系**とよぶ．先に定義した $S^n$ の局所座標系との関係は，$x_i=\xi_i/|\xi|$ で与えられる．——

以下の節でも，$M,\mathcal{F}(M),\mathcal{X}(M),\Omega(M)$ などの記号を用いる．ただし，$M$ は $\boldsymbol{R}^m$ または $\boldsymbol{R}^m$ の開集合または $\boldsymbol{R}^{m'}$ の $m$ 次元部分多様体(または一般の $m$ 次元多様体)のいずれかを表わすことにするが，簡単のため，単に"$m$ 次元多様体 $M$"ということにする．また，以下の節でのほとんどの議論は，$C^\infty$ 級または $C^\omega$ 級でなくても，適当な $C^l$ 級 $(l<\infty)$ で成立するが，これも簡単のため，$C^\infty$ 級または $C^\omega$ 級でのみ扱い，十分な階数だけ微分できると考えて微分可能性についてはこだわらないことにする．

$M$ を $\boldsymbol{C}^m$ の開集合または $m$ 次元複素解析的多様体におきかえ，$\mathcal{F}(M)$ を $M$ 上の正則関数全体，$\mathcal{X}(M)$ を $M$ 上の正則ベクトル場全体，$\Omega(M)$ を $M$ 上の正

則微分形式全体におきかえた場合にも，以下の節の議論が平行して成立することを注意しておこう．

## §1.2 Frobenius の定理

この節では，以下の節の準備として微分式系の定義を与え，積分可能条件に関する Frobenius の定理を述べる．これは，微分幾何において最も基本的で重要な定理である．

多様体 $M$ 上のベクトル場 $X$ は，前節で述べたように局所1パラメータ変換群を定める．$M$ 上で0にならない関数 $f\ (\in \mathscr{F}(M))$ によって $X$ を $fX$ に置き換えると局所1パラメータ変換群は変わるが，パラメータを動かしたときの軌道は変わらない．軌道上を動く速度が変わるだけである．したがって，その軌道の族は，$M$ の点 $p$ に対し，$X_p$ を対応させる写像 $X$ というより $T_pM$ の1次元線型部分空間 $\boldsymbol{R}X_p$ を対応させる写像によって定まるといった方がよい．さらに一般化して $r$ 次元線型部分空間を対応させる写像を考えて，$r$ 次元微分式系を定義する．

**定義 1.3** $m$ 次元多様体 $M$ の各点 $p$ に対し，$p$ での接空間 $T_pM$ の $r$ 次元線型部分空間 $\mathscr{D}_p$ が与えられているとする．$\mathscr{D}=\bigcup_{p\in M}\mathscr{D}_p$ で定義される $M$ の接バンドル $TM$ の部分集合が次の条件を満たすとき，$\mathscr{D}$ を $M$ 上の **$r$ 次元微分式系**という．すなわち，$M$ の各点 $p$ に対し，$p$ の開近傍 $U$ と $U$ 上定義されたベクトル場 $X_1, \cdots, X_r\ (\in \mathfrak{X}(U))$ が存在し，$U$ の各点 $q$ に対して $\mathscr{D}_q$ は $(X_1)_q, \cdots, (X_r)_q$ で張られるベクトル空間となる．このとき，$\{X_1, \cdots, X_r\}$ を $\mathscr{D}$ の**局所基**という．——

$\{X_1, \cdots, X_r\}$ を $r$ 次元微分式系 $\mathscr{D}$ の点 $p$ の近傍での局所基とする．$T_pM$ の元 $v_{r+1}, \cdots, v_m$ を $(X_1)_p, \cdots, (X_r)_p, v_{r+1}, \cdots, v_m$ が1次独立になるようにとる．さらに，点 $p$ の近傍で定義されたベクトル場 $X_{r+1}, \cdots, X_m$ を，$(X_i)_p=v_i\ (r+1\leqq i\leqq m)$ となるように選び，局所座標系 $(x_1, \cdots, x_m)$ を用いて，

$$X_i=\sum_{j=1}^{m} a_{ij}(x)\partial/\partial x_j$$

と表示すれば，行列式 $\det(a_{ij}(x))$ は点 $p$ で0と異なる．したがって，点 $p$ のある近傍 $V$ で $\det(a_{ij}(x))$ は0にならず，$V$ の各点 $q$ に対し $(X_1)_q, \cdots, (X_m)_q$ は1次独立になる．そこで $V$ 上の Pfaff 形式 $\omega_i$ を

$$(\omega_i)_q(X_j)_q = \delta_{ij} \qquad (i, j=1, \cdots, m)$$

となるように，すなわち $\{(\omega_1)_q, \cdots, (\omega_m)_q\}$ が $\{(X_1)_q, \cdots, (X_m)_q\}$ の双対基となるように定める．

このとき，$\omega_i(X_j)=\delta_{ij}$ $(i, j=1, \cdots, m)$ となるので，$V$ 上の Pfaff 形式の組 $\{\omega_1, \cdots, \omega_m\}$ と $V$ 上のベクトル場の組 $\{X_1, \cdots, X_m\}$ は互いに**双対基**であるという．逆に各点で1次独立な Pfaff 形式の組 $\{\omega_1, \cdots, \omega_m\}$ が与えられたとき，それの双対基がただ一組存在することも明らかであろう．

さて，

$$\mathcal{D}_p{}^{\perp} = \{w \in T_p{}^*M \mid w(v)=0, \forall v \in \mathcal{D}_p\},$$

$$\mathcal{D}^{\perp} = \bigcup_{p \in M} \mathcal{D}_p{}^{\perp} \subset T^*M$$

とおけば，$V$ の各点 $q$ に対し，$\mathcal{D}_q{}^{\perp}$ は $(\omega_{r+1})_q, \cdots, (\omega_m)_q$ で張られる $m-r$ 次元ベクトル空間となる．このとき，$\{\omega_{r+1}, \cdots, \omega_m\}$ を $\mathcal{D}^{\perp}$ の**局所基**という．さらに，

$$\begin{aligned}\mathcal{D}_q{}^{\perp\perp} &= \{v \in T_q{}^*M \mid w(v)=0, \forall w \in \mathcal{D}_q{}^{\perp}\} \\ &= \{v \in T_q{}^*M \mid (\omega_j)_q(v)=0, j=r+1, \cdots, m\}\end{aligned}$$

とおけば，$\mathcal{D}_q=\mathcal{D}_q{}^{\perp\perp}$ となる．このことから，$\mathcal{D}$ を **Pfaff 方程式**

(1.31) $$\omega_{r+1} = \cdots = \omega_m = 0$$

で定義される微分式系であるという．$r$ 次元微分式系 $\mathcal{D}=\bigcup_{p \in M} \mathcal{D}_p$ を与えることと，$\mathcal{D}_q=\{v \in T_q{}^*M \mid (\omega_j)_q(v)=0, j=r+1, \cdots, m\}$ が $r$ 次元となるような Pfaff 方程式(1.31)を $M$ の各点の近傍で与えることとは同値である．

**定義 1.4** $m$ 次元多様体 $M$ と $n$ 次元多様体 $N$ と $C^l$ 級写像($l=\infty$ または $\omega$ であった) $\varphi: N \to M$ が与えられていて，$N$ の各点 $p$ に対して $d\varphi_p: T_pN \to T_{\varphi(p)}M$ が単射のとき，$N$ を $M$ の中への **$C^l$ 級はめ込み**という．——

前節の最後で述べたように，以下すべて $C^l$ 級($l=\infty$ または $\omega$)で考えるため，$C^l$ 級というのを略して書くことにする．たとえば，写像とは $C^l$ 級写像，関数とは $C^l$ 級実数値関数を意味するものとする．ただし，複素解析的多様体で考えるときは，それぞれ複素解析的写像，正則関数でおきかえる．

定義1.4の状況にあるとき，$N$ の各点 $p$ に対しその近傍 $U$ が存在して，$\varphi|_U: U \to \varphi(U)$ は，$U$ から $M$ の部分多様体 $\varphi(U)$ の上への微分同相写像となる．

それは次のようにして示される．$p$ での $N$ の局所座標系 $(y_1, \cdots, y_n)$ と $\varphi(p)$ での $M$ の局所座標系 $(x_1, \cdots, x_m)$ を用いて，$\varphi$ による対応を

(1.32) $$x_i = \varphi_i(y_1, \cdots, y_n) \qquad (i=1, \cdots, m)$$

と表わす．$d\varphi_p(\partial/\partial y_j)_p = \sum_{j=1}^{m} (\partial\varphi_i/\partial y_j)(p)(\partial/\partial x_i)_p$ であるから，$d\varphi_p$ が単射ということは，関数行列 $((\partial\varphi_i/\partial y_j)(p))_{1\leq i\leq m, 1\leq j\leq n}$ の階数が $n$ ということを意味する．よって，必要なら $N$ の局所座標系をとりかえて（添字の変換で十分），行列 $((\partial\varphi_i/\partial y_j)(p))_{1\leq i,j\leq n}$ の階数を $n$ と仮定してよい．したがって $\{\varphi_1, \cdots, \varphi_n\}$ を $N$ の局所座標系とみなせるので，改めてそれを $\{y_1, \cdots, y_n\}$ とかく．すなわち，(1.32) において $\varphi_i(y) = y_i$ $(i=1, \cdots, n)$ と仮定してよい．また，$p$ の近傍の $\varphi$ による像は $\{(x_1, \cdots, x_m) \in M \mid x_j = \varphi_j(x_1, \cdots, x_n), j=n+1, \cdots, m\}$ と表わせるので，それは $M$ の部分多様体である．そこで，局所的に考えるときは，$\varphi$ による対応によって $N$ を $M$ の部分多様体と同一視することにする．

**定義 1.5** $M$ の $r$ 次元微分式系 $\mathscr{D}$ とはめ込み $\varphi: N \to M$ に対し，次の同値な条件

(1.33) $$d\varphi_p(T_pN) \subset \mathscr{D}_{\varphi(p)} \qquad (\forall p \in N),$$

(1.34) $$\varphi_p{}^*(\mathscr{D}_{\varphi(p)}{}^\perp) = 0 \in T_p{}^*N \qquad (\forall p \in N)$$

が成立するとき，$N$ を $\mathscr{D}$ の**積分多様体**という．——

(1.33) は $T_pN$ の各元 $v$ に対し $d\varphi_p(v) \in \mathscr{D}_{\varphi(p)}$ ということだが，これはすべての $w \in \mathscr{D}_{\varphi(p)}{}^\perp$ に対し $0 = d\varphi_p(v)(w) = v(\varphi_p{}^*w)$ となることと同じ．よって (1.33) と (1.34) とは同値な条件である．さらに，$N$ が $M$ の部分多様体であるときは，(1.34) は

(1.35) $$T_N{}^*M \supset \mathscr{D}^\perp \cap T^*N$$

と同値であることが $T_N{}^*M$ の定義からわかる．

$r=1$ で $X$ が $\mathscr{D}$ の局所基であるとする．$X$ に対応する 1 パラメータ変換群のパラメータを動かしたときの軌道は $\mathscr{D}$ の積分多様体となる．軌道は 1 次元であるから，それを $X$ の**積分曲線**という．

条件 (1.33) において，$\mathscr{D}_{\varphi(p)}$ は $r$ 次元ベクトル空間であり，$d\varphi_p$ は単射であることから $N$ の次元は $r$ 次元以下であることがわかる．$M$ の各点に対し，その点を通るちょうど $r$ 次元積分多様体が存在する場合を考察しよう．いいかえれば，(1.33) または (1.35) において両辺が等しい場合である．そのような微分式系はすべて局所的に同型であるということをいっているのがこのあとの定理 1.6 であ

る．

**定義 1.6** $m$ 次元多様体 $M$ 上の $r$ 次元微分式系 $\mathscr{D}$ が**完全積分可能**とは，$M$ の各点 $p$ に対し，そこでの局所座標系 $(x_1, \cdots, x_m)$ が存在して，$dx_{r+1}, \cdots, dx_m$ が $\mathscr{D}^\perp$ の局所基にとれることをいう．——

定義にあるように $\mathscr{D}$ が完全積分可能であるなら，$M$ の点 $p$ に対し，$p$ が $(0, \cdots, 0)$ に対応し，座標近傍 $U=\{(x_1, \cdots, x_m) \in M \mid |x_i|<1, 1\leqq i\leqq m\}$ 上で $dx_{r+1}, \cdots, dx_m$ が $\mathscr{D}^\perp$ の局所基であるような局所座標系がとれる．このとき，$N=\{(x_1, \cdots, x_m) \in U \mid x_{r+1}=\cdots=x_m=0\}$ は $p$ を通る連結 $r$ 次元積分多様体となる．また，他に $p$ を通る積分多様体 $N'$ があったとする．局所的に考えて $N'$ を $M$ の部分多様体とみなせば，(1.34) から $dx_j|_{N'}=0$ $(j=r+1, \cdots, m)$ がわかる．よって，$x_j$ を $N'$ に制限した関数 $x_j'$ のすべての1階偏導関数は0となり，$N' \cap U$ の $p$ を通る連結成分 $N_0'$ 上で $x_j'$ は定数値関数でその値は0である．したがって，$N_0'$ は $N$ に含まれる．もし $N'$ も $r$ 次元であるなら，$p$ の十分小さな近傍では $N$ と $N_0'$ と $N'$ は一致する．この意味で，局所的に考えれば，$p$ を通る $r$ 次元積分多様体がただ一つ存在し，それは $p$ を通る任意の積分多様体を含むといってよい．

与えられた微分式系が完全積分可能となるかどうかの判定条件は次の定理からわかる．

**定理 1.6 (Frobenius の定理)** $m$ 次元多様体 $M$ 上の $r$ 次元微分式系 $\mathscr{D}$ に対し，次の条件は同値である．

(i) $\mathscr{D}$ は完全積分可能．

(ii) $M$ の各点 $p$ に対し，$p$ を通る $r$ 次元積分多様体が存在する．

(iii) $M$ の各点 $p$ に対し，$X_1, \cdots, X_r$ を $p$ の近傍での $\mathscr{D}$ の局所基とすれば，

$$[X_j, X_k]=\sum_{i=1}^{r} c_{jk}{}^i X_i \qquad (1\leqq j, k\leqq r) \tag{1.36}$$

となるような関数 $c_{jk}{}^i$ が $p$ の近傍で存在する．

(iv) $M$ の各点 $p$ に対し，$\omega_{r+1}, \cdots, \omega_m$ を $p$ の近傍での $\mathscr{D}^\perp$ の局所基とすれば，

$$d\omega_i=\sum_{j=r+1}^{m} \theta_i{}^j \wedge \omega_j \qquad (r+1\leqq i\leqq m) \tag{1.37}$$

となるような Pfaff 形式 $\theta_i{}^j$ が $p$ の近傍で存在する．

同値な条件 (iii), (iv) を $\mathscr{D}$ の**積分可能条件**という．

**証明** まず(1.37)が$p$での局所基の選び方によらない条件であることを示す．$\omega_{r+1}', \cdots, \omega_m'$を他の局所基とすれば，

$$\omega_i' = \sum_{j=r+1}^{m} a_i^j \omega_j, \qquad \omega_j = \sum_{l=r+1}^{m} b_j^l \omega_l'$$

となるような関数$a_i^j, b_j^l$が存在する．(1.37)より

$$d\omega_i' = \sum_{j=r+1}^{m} da_i^j \wedge \omega_j + \sum_{j=r+1}^{m}\left(a_i^j \sum_{k=r+1}^{m} \theta_j{}^k \wedge \omega_k\right)$$
$$= \sum_{j=r+1}^{m} \sum_{l=r+1}^{m}\left(b_j^l da_i^j + \sum_{k=r+1}^{m} a_i^j b_k^l \theta_j{}^k\right) \wedge \omega_l'$$

となり，他の局所基に対しても(1.37)がなりたつ．

(iii)$\Longleftrightarrow$(iv)を示す．$X_1, \cdots, X_r$を点$p$での$\mathcal{D}$の局所基とする．このとき，$\{X_1, \cdots, X_r, X_{r+1}, \cdots, X_m\}$が点$p$のある近傍$U$で$TX$の局所基であるように選ぶ．$\{\omega_1, \cdots, \omega_m\}$をその双対基とすれば，$\omega_{r+1}, \cdots, \omega_m$が$\mathcal{D}^\perp$の局所基となる．すると

$$\begin{aligned} d\omega_i(X_j, X_k) &= \iota_{X_k}\iota_{X_j} d\omega_i && (1.25) \\ &= \iota_{X_k}(L_{X_j} - d\iota_{X_j})\omega_i && (\text{以下，定理 1.3}) \\ &= (\iota_{X_k} L_{X_j} - L_{X_k}\iota_{X_j} + d\iota_{X_k}\iota_{X_j})\omega_i \\ &= (-[L_{X_j}, \iota_{X_k}] + L_{X_j}\iota_{X_k} - L_{X_k}\iota_{X_j})\omega_i \\ &= -\omega_i([X_j, X_k]) + X_j(\omega_i(X_k)) - X_k(\omega_i(X_j)) \end{aligned}$$

となることに注意すれば，

$$\begin{aligned} &([X_j, X_k])_q \in \mathcal{D}_q \quad (q \in U;\ 1 \leqq j, k \leqq r) \\ &\Longleftrightarrow \omega_i([X_j, X_k]) = 0 \quad (r+1 \leqq i \leqq m;\ 1 \leqq j, k \leqq r) \\ &\Longleftrightarrow d\omega_i(X_j, X_k) = 0 \quad (r+1 \leqq i \leqq m;\ 1 \leqq j, k \leqq r). \end{aligned}$$

最後の条件は，$U$上の関数$c_i^{jk}$によって

(1.38) $$d\omega_i = \sum_{1 \leqq j < k \leqq m} c_i^{jk} \omega_j \wedge \omega_k \qquad (r+1 \leqq i \leqq m)$$

と表わしたとき，$k=1, \cdots, r$なら$c_i^{jk}=0$となることと同値である．したがって，(iii)と(iv)は同値であること，および(1.36)も局所基のとり方によらない条件であることが証明された．

(i)$\Longrightarrow$(ii)は，この定理の直前に述べた．

(ii)$\Longrightarrow$(iv)を示そう．(ii)を仮定する．$U$の各点$q$に対し，$q$を通る$r$次元

積分多様体が存在する．$N$ は $M$ の部分多様体と仮定してよい．$i=r+1, \cdots, m$ ならば，$\omega_i|_N=0$ でさらに $(d\omega_i)|_N=d(\omega_i|_N)=0$ となるから，(1.38) の表示より

$$0=((d\omega_i)|_N)_q=\sum_{1\leqq j<k\leqq r} c_i{}^{jk}(q)(\omega_j|_N)_q\wedge(\omega_k|_N)_q$$

がわかる．$N$ は $r$ 次元であるから，$(\omega_1|_N)_q, \cdots, (\omega_r|_N)_q$ は1次独立であり，$(\omega_j|_N)_q\wedge(\omega_k|_N)_q$ $(1\leqq j<k\leqq r)$ が，$\overset{2}{\wedge} T_q{}^*N$ の基底になる．よって，$1\leqq j<k\leqq r$ ならば $c_i{}^{jk}(q)=0$ $(q\in U)$ となり，これは (iv) を意味する．

最後に，(iii) $\Longrightarrow$ (i) を，$r$ に関する帰納法で示す．

$r=1$ のとき．このとき条件 (1.36) は常に成立することに注意しよう．$M$ の各点 $p$ に対し，$p$ が原点 $(0, \cdots, 0)$ に対応する適当な局所座標系 $(x_1, \cdots, x_m)$ をとって，$\mathcal{D}$ の局所基を $X=\sum_{i=1}^m \lambda_i(x)\partial/\partial x_i$ と表わしたとき，$\lambda_1(0)\neq 0$ とすることができる．そこで，方程式系

$$\begin{cases} \dfrac{dx_i}{dt}=\lambda_i(x) & (i=1, \cdots, m), \\ x_1(0)=0, \quad x_j(0)=y_j & (j=2, \cdots, m) \end{cases}$$

を考えよう．これはただ一組の解 $\{x_i(t, y_2, \cdots, y_m)\}_{1\leqq i\leqq m}$ をもつ．すなわち，それは点 $(0, y_2, \cdots, y_m)$ を始点とする1パラメータ変換群である．しかも，変換 $(t, y_2, \cdots, y_m)\mapsto(x_1, \cdots, x_m)$ の関数行列は，

$$\frac{\partial(x_1, \cdots, x_m)}{\partial(t, y_2, \cdots, y_m)}(p)=\begin{bmatrix} \lambda_1(p) & \lambda_2(p) & \cdots & \lambda_m(p) \\ & 1 & & \\ & & \ddots & \\ & & & 1 \end{bmatrix},$$

したがって非退化である．ゆえに逆関数 $t=t(x)$，$y_j=y_j(x)$ が存在する．そして，

$$\begin{cases} Xy_j=\displaystyle\sum_{i=1}^m \lambda_i(x)\frac{\partial y_j}{\partial x_i}=\sum_{i=1}^m \frac{\partial x_i}{\partial t}\frac{\partial y_j}{\partial x_i}=\frac{\partial y_j}{\partial t}=0, \\ Xt=\displaystyle\sum_{i=1}^m \lambda_i(x)\frac{\partial t}{\partial x_i}=\sum_{i=1}^m \frac{\partial x_i}{\partial t}\frac{\partial t}{\partial x_i}=\frac{\partial t}{\partial t}=1. \end{cases}$$

よって，局所座標系 $(t, y_2, \cdots, y_m)$ を用いれば $X=\partial/\partial t$ となるから，$\mathcal{D}$ は明らかに完全積分可能となる．

$r>1$ のとき．$M$ の各点 $p$ での $\mathcal{D}$ の局所基 $X_1, \cdots, X_r$ に対し，$p$ が原点に対応する局所座標系 $(t, y_2, \cdots, y_m)$ を適当にとり，$X_1=\partial/\partial t$ とできる ($r=1$ のときの結

果)．さらに，$j=2, \cdots, r$ に対し，$X_j$ を $X_j-(X_jt)\partial/\partial t$ でおきかえることにより，

$$X_j = \sum_{i=2}^{m} \lambda_{ij}(t, y)\partial/\partial y_i \qquad (j=2, \cdots, r)$$

の形になる．この局所基 $X_1, \cdots, X_r$ に対しては，(1.36) の $c_{jk}{}^i$ は，$i=1$, $j, k=2, \cdots, r$ のとき 0 になる．そこで，

$$X_j' = \sum_{i=2}^{m} \lambda_{ij}(0, y)\partial/\partial y_i \qquad (j=2, \cdots, r)$$

とおけば，$X_2', \cdots, X_r'$ は，$\boldsymbol{R}^{m-1}$ の原点の近傍で定義された $r-1$ 次元微分式系の局所基となり，その微分式系は (iii) の条件を満たす．帰納法の仮定から，座標変換 $(y_2, \cdots, y_m) \to (z_2, \cdots, z_m)$ を適当に選び

$$X_j' z_k = 0 \qquad (j=2, \cdots, r;\ k=r+1, \cdots, m)$$

が成立するようにできる．ここで，$w_1=t$，$w_j=z_j(y)$ $(j=2, \cdots, r)$ によって $p$ の近傍での局所座標系 $(w_1, \cdots, w_m)$ を定義すれば，

$$\begin{cases} \dfrac{d}{dt}(X_j w_k) = [X_1, X_j]w_k + X_j \dfrac{dw_k}{dt} = \displaystyle\sum_{i=1}^{r} c_{1j}{}^i (X_i w_k), \\ X_j w_k|_{t=0} = 0 \qquad (j=1, \cdots, r;\ k=r+1, \cdots, m) \end{cases}$$

となる．未知関数 $X_1 w_k, \cdots, X_r w_k$ $(k=r+1, \cdots, m)$ に対する常微分方程式の初期値問題の解の一意性によって，$X_1 w_k = \cdots = X_r w_k = 0$ がわかる．いいかえれば，$\mathcal{D}^\perp$ の局所基として，$dw_{r+1}, \cdots, dw_m$ がとれる．すなわち，$\mathcal{D}$ は完全積分可能である．▮

$m-1$ 次元微分式系は，単独の Pfaff 方程式

$$\omega = 0$$

で定義される．$\omega_1=\omega$ を含む $T^*M$ の局所基 $\omega_1, \cdots, \omega_m$ をとる．

$$d\omega = \sum_{j<k} c^{jk} d\omega_j \wedge d\omega_k$$

とおくと

$$\omega \wedge d\omega = \sum_{1<j<k} c^{jk} \omega \wedge d\omega_j \wedge d\omega_k$$

となるので，$\mathcal{D}$ に関する積分可能条件は，

(1.39)
$$\omega \wedge d\omega = 0$$

と同値である．

このとき，定理 1.6 より局所的に定義された関数 $f$ と $g$ が存在して

$$\omega = f\,dg \tag{1.40}$$

と表わせることがわかる．しかし，(1.39) が成立しても $\omega_p=0$ となる点 $p$ が存在するならば，その点の近傍では (1.40) のように表わせるとは限らない．(章末の問題3を参照.)

**定理 1.7**　$M$ 上で定義された1階線型偏微分方程式系

$$(X_j+c_j)u = f_j \qquad (j=1, \cdots, r) \tag{1.41}$$

を考える．ただし，$X_j \in \mathcal{X}(M)$，$c_j, f_j \in \mathcal{F}(M)$ で，$M$ 上の各点 $p$ に対し $(X_1)_p, \cdots, (X_r)_p$ は1次独立とする．さらに，$M$ 上の関数 $c_{jk}{}^i$ が存在して，

$$[X_j+c_j, X_k+c_k] = \sum_{i=1}^{r} c_{jk}{}^i (X_i+c_i) \qquad (j, k=1, \cdots, r) \tag{1.42}$$

となっていると仮定しよう．このとき，$M$ の各点の近傍で方程式 (1.41) の解 $u$ が存在するための必要十分条件は

$$(X_j+c_j)f_k-(X_k+c_k)f_j = \sum_{i=1}^{r} c_{jk}{}^i f_i \qquad (j, k=1, \cdots, r) \tag{1.43}$$

となることである．さらに，$M$ の $m-r$ 次元部分多様体 $N$ が与えられていて，$N$ の各点 $p$ で

$$T_pM = T_pN \oplus \boldsymbol{R}(X_1)_p \oplus \cdots \oplus \boldsymbol{R}(X_r)_p \tag{1.44}$$

となっているとする．条件 (1.43) のもとでは，任意の $v \in \mathcal{F}(N)$ に対し，$u|_N=v$ となる (1.41) の解が $N$ の近傍で存在してただ一つ定まる．

**証明**　もし解 $u$ が存在するなら

$$\begin{aligned}(X_j+c_j)f_k-(X_k+c_k)f_j &= (X_j+c_j)(X_k+c_k)u-(X_k+c_k)(X_j+c_j)u \\ &= \sum_{i=1}^{r} c_{jk}{}^i (X_i+c_i)u \\ &= \sum_{i=1}^{r} c_{jk}{}^i f_i\end{aligned}$$

となる．

逆に，(1.43) が成立すると仮定しよう．$X_1, \cdots, X_r$ を基底とする微分式系を $\mathcal{D}$ とおく．$X_1', \cdots, X_r'$ を $\mathcal{D}$ の他の局所基で，$X_j'=\sum_{i=1}^{r} a_j{}^i X_i$ と表わされているとする．このとき

$$c_j' = \sum_{i=1}^{r} a_j{}^i c_i, \qquad f_j' = \sum_{i=1}^{r} a_j{}^i f_i$$

とおけば，(1.41) を解くことと，次の (1.41)′ を解くこととは同じである．すなわち，二つの方程式 (1.41) と (1.41)′ とは同型である．

$$(1.41)' \qquad (X_j'+c_j')u = f_j' \qquad (j=1, \cdots, r).$$

また，0 にならない関数 $b$ に対して，$u'=bu$ という対応によって，(1.41)′ と

$$(1.41)'' \qquad (X_j'+c_j'')u' = f_j''$$

とは同型になる．ただし，$c_j''=c_j+bX_j(b^{-1})$，$f_j''=bf_j'$ とおいた．

まず，(1.41)′ や (1.41)″ に対しても条件 (1.42), (1.43) が成立していることを示す．(1.42) と (1.43) が成立することは，$M\times \boldsymbol{R}^2$ 上

$$(1.45) \qquad Y_j = X_j+sc_j\partial/\partial s+sf_j\partial/\partial t \qquad (j=1, \cdots, r)$$

を基底とする $r$ 次元微分式系 $\mathscr{D}'$ が完全積分可能であることといいかえることができる．ただし，$(s, t)\in \boldsymbol{R}^2$ である．この条件は $\mathscr{D}'$ の局所基の選び方に依らないことを定理 1.6 で示したから，(1.41)′ に対して条件 (1.42), (1.43) が成立することがわかる．また，

$$[b\circ(X_j'+c_j')\circ b^{-1}, b\circ(X_k'+c_k')\circ b^{-1}] = b\circ[X_j'+c_j', X_k'+c_k']\circ b^{-1},$$
$$b\circ(X_j'+c_j')\circ b^{-1} = X_j'+c_j''$$

となることに注意すれば，(1.41)″ に対しても同様である．

完全積分可能な $\mathscr{D}$ に対し定理 1.6 を適用すれば，点 $p$ での局所座標系 $(x_1, \cdots, x_m)$ が存在して，

$$X_j' = \partial/\partial x_j \qquad (j=1, \cdots, r)$$

ととることができる．このとき，

$$b = \exp\left\{\int_0^{x_1} c_1'(x)dx_1\right\}$$

とおけば，(1.41)″ において $c_1''=0$ となる．$j=1$ の場合の条件 (1.42) から，$c_2'', \cdots, c_r''$ が $x_1$ に依らないことがわかる．そこで，さらに

$$u'' = \exp\left\{\int_0^{x_2} c_2''(x)dx_2\right\}u'$$

と変換すれば，$c_1''$ と $c_2''$ は共に 0 に変換され，$c_3'', \cdots, c_r''$ は $x_1, x_2$ によらなくなることが (1.42) からわかる．これを続ければ，(1.41)′ と (1.42)″ の対応を与える $b$ を適当にとることにより，方程式は

$$(1.46) \qquad \frac{\partial u'}{\partial x_j} = f_j'' \qquad (j=1, \cdots, r)$$

に変換される．

条件(1.44)と陰関数の定理を用いれば，$p$ の近傍で

$$N = \{(x_1, \cdots, x_m) \in M \mid x_i = h_i(x_{r+1}, \cdots, x_m), i=1, \cdots, r\}$$

と表わすことができる．$h_i$ は $p$ の近傍で定義されたある関数である．さらに，

$$\begin{cases} x_i \longrightarrow x_i - h_i(x_{r+1}, \cdots, x_m) & (i=1, \cdots, r), \\ x_j \longrightarrow x_j & (j=r+1, \cdots, m) \end{cases}$$

という座標変換を行なえば，$h_i=0$ $(i=1, \cdots, r)$ と仮定してよい．そこで，$x'=(x_{r+1}, \cdots, x_m)$，$b'(x')=b|_N$ とおけば，$u|_N=v$ を満たす(1.41)の解と，$u'|_N=b'v$ を満たす(1.46)の解とは，1対1に対応することがわかる．

$$u' = \sum_{i=1}^{r} \int_0^{x_i} f_i''(x_1, \cdots, x_i, 0, \cdots, 0, x')dx_i + b'(x')v(x')$$

によって $u'$ を定義すると，$j=1, \cdots, r$ に対し

$$\frac{\partial u'}{\partial x_j} = \sum_{j<i\leqq r} \int_0^{x_i} \frac{\partial f_i''}{\partial x_j}(x_1, \cdots, x_i, 0, \cdots, 0, x')dx_i + f_j''(x_1, \cdots, x_j, 0, \cdots, 0, x')$$

となるが，条件(1.43)を用いると，これは

$$\begin{aligned} &= \sum_{j<i\leqq r} \int_0^{x_i} \frac{\partial f_j''}{\partial x_i}(x_1, \cdots, x_i, 0, \cdots, 0, x')dx_i \\ &\quad + f_j''(x_1, \cdots, x_j, 0, \cdots, 0, x') \\ &= \sum_{j<i\leqq r} \{f_j''(x_1, \cdots, x_i, 0, \cdots, 0, x') - f_j''(x_1, \cdots, x_{i-1}, 0, \cdots, 0, x') \\ &\quad + f_j''(x_1, \cdots, x_j, 0, \cdots, 0, x') \\ &= f_j''(x) \end{aligned}$$

であるから，$u'$ は求める解である．

条件 $u'|_N=b'v$ を満たす(1.46)の任意の解 $u_1'$ と $u_2'$ とに対し，$w=u_1'-u_2'$ とおくと，

$$\begin{cases} \dfrac{\partial w}{\partial x_j} = 0 & (j=1, \cdots, r), \\ w|_{x_1=\cdots=x_r=0} = 0 \end{cases}$$

となるから，$w=0$ は明らかで，$u_1'=u_2'$ がわかる．

以上により，$u|_N=v$ を満たす(1.41)の解が $N$ の近傍でただ一つ存在することが証明された．∎

方程式系(1.41)の解の存在を考えてみよう．

(i) (1.42)の条件が成立する場合．

これは，定理1.7に述べたとおり．

(ii) (1.42)の条件が成立しないが，$X_1, \cdots, X_r$ の定める $r$ 次元微分式系が完全積分可能なとき．

すなわち，添字 $j, k$ が存在して

$$[X_j, X_k] = \sum_{i=1}^{r} c_{jk}{}^i X_i$$

と表わせるが，

$$a = [X_j+c_j, X_k+c_k]-\sum_{i=1}^{r} c_{jk}{}^i(X_i+c_i)$$

$$= X_j(c_k)-X_k(c_j)-\sum_{i=1}^{r} c_{jk}{}^i c_i$$

が恒等的に0にはならない場合である．このとき

$$au = (X_j+c_j)f_k-(X_k+c_k)f_j-\sum_{i=1}^{r} c_{jk}{}^i f_i$$

が成立するから，$a$ が消えない点の近傍で $u$ が定まる．定まった $u$ が解であるかどうかは，実際に(1.41)に代入してみればわかる．

(iii) $X_1, \cdots, X_r$ の定める $r$ 次元微分式系が完全積分可能ではないとき．

すなわち，添字 $j, k$ と，$M$ の点 $p$ が存在して，$X_{r+1}=[X_j, X_k]$ とおいたとき，$(X_1)_p, \cdots, (X_{r+1})_p$ が1次独立となる．このとき，$X_1, \cdots, X_{r+1}$ は $p$ の近傍 $U$ で，$r+1$ 次元の微分式系 $\mathscr{D}'$ を定める．$c_{r+1}=X_j(c_k)-X_k(c_j)$ とおくと(1.41)を満たす $u$ は，

$$(X_{r+1}+c_{r+1})u = (X_j+c_j)f_k-(X_k+c_k)f_j$$

をも満たすので，(1.41)にこの方程式を追加した方程式系を $U$ 上で考える．$\mathscr{D}'$ が完全積分可能なら，(i)または(ii)の場合に帰着され，そうでないときは，再び(iii)の場合になる．しかし，$M$ 上の微分式系の次元は $m$ 以下だからこの操作は有限回で終わる．

**定理 1.8** $M$ 上の Pfaff 形式 $\omega$ が $d\omega=0$ を満たせば，$M$ の各点 $p$ に対し，$p$

の近傍で定義された関数 $f$ によって $\omega=df$ と表わせる．

**証明**　局所座標系により，$\omega=\sum_{i=1}^{m} a_i(x)dx_i$ と表わす．このとき，$d\omega=0$ となることから，方程式系

$$\frac{\partial u}{\partial x_i} = a_i(x) \qquad (i=1, \cdots, m)$$

は定理1.7にある条件を満たし，解 $u$ が存在することがわかる．そこで，$f=u$ とおけば，$df=\omega$ となる．▮

## §1.3　Pfaff 形式の標準形

定理1.6の証明のところで述べたように，ベクトル場 $X$ は，それが0にならない点の近傍において適当な局所座標系を用いれば，$X=\partial/\partial x_1$ と表わすことができる．この節では，Pfaff 形式がどのような標準形をもつかという問題を考える．そのための準備として，シンプレクティック・ベクトル空間について述べる．

$\boldsymbol{R}$(または $\boldsymbol{C}$)上の $n$ 次元ベクトル空間 $V$ と，$V\times V$ から $\boldsymbol{R}$(または $\boldsymbol{C}$)への写像 $\langle\ ,\ \rangle$ が与えられていて次の二つの条件

$$(1.47)\qquad \begin{cases} \langle \lambda x+\mu y, z\rangle = \lambda\langle x, z\rangle+\mu\langle y, z\rangle \\ \qquad (\lambda, \mu \in \boldsymbol{R}\,(\text{または }\boldsymbol{C});\ x, y, z \in V), \\ \langle x, y\rangle = -\langle y, x\rangle \qquad (x, y \in V) \end{cases}$$

を満たすとき，$\langle\ ,\ \rangle$ を $V$ 上の**歪対称2次形式**という．また，$V$ の線型部分空間 $W$ に対して，$W^\perp$ を

$$W^\perp = \{x \in V \mid \langle x, y\rangle=0, \forall y \in W\}$$

と定義する．特に，$V^\perp=\{0\}$ となるとき，$\langle\ ,\ \rangle$ は**非退化**であるといい，$(V, \langle\ ,\ \rangle)$ を**シンプレクティック・ベクトル空間**という．

**補題1.3**　(i)　$W$ を $n$ 次元シンプレクティック・ベクトル空間の $d$ 次元線型部分空間とするとき，$W^\perp$ の次元は $n-d$ である．よって，$W=W^{\perp\perp}$ が成立する．

(ii)　$n$ 次元ベクトル空間 $V$ と，その上の歪対称2次形式 $\langle\ ,\ \rangle$ が与えられているとき，$V$ の基底 $\{p_i, q_j, r_l\}_{i,j=1,\cdots,m;\, l=1,\cdots,k}$ で

$$\begin{cases} \langle p_i, p_j\rangle = \langle q_i, q_j\rangle = \langle p_i, r_l\rangle = \langle q_j, r_l\rangle = \langle r_l, r_{l'}\rangle = 0, \\ \langle p_i, q_j\rangle = \delta_{ij} \end{cases}$$

となるものが存在する．ただし，$n=2m+k$，$k=\dim V^\perp$ である．$2m$ を $\langle\ ,\ \rangle$

の**階数**(rank)という.

また, $V$ の余次元 $d$ の線型部分空間 $U$ に対し, $\langle\ ,\ \rangle$ を $U$ 上へ制限したものの階数は $2(m-d)$ 以上である.

特に, シンプレクティック・ベクトル空間は偶数次元であることがわかるが, 上の基底 $\{p_i, q_j\}_{i,j=1,\cdots,m}$ を, **シンプレクティック基底**という.

**証明** (i) $V$ の基底 $\{e_i\}_{i=1,\cdots,n}$ を, $\{e_i\}_{i=1,\cdots,d}$ が $W$ の基底となるように選ぶ. $W_i$ を $e_i$ で張られる線型部分空間とし $W^{(i)}=W_1\oplus\cdots\oplus W_i$ とおく. まず, codim $W_i{}^\perp=1$ となることに注意しよう. 実際, $\langle e_i, f_i\rangle\neq 0$ となる $f_i$ が存在するが, $g_i=f_i/\langle e_i, f_i\rangle$ とおくと, $V$ の任意の元 $x$ が

$$x=(x-\langle e_i, x\rangle g_i)+\langle e_i, x\rangle g_i, \qquad x-\langle e_i, x\rangle g_i\in W_i{}^\perp$$

と表わせるからである. よって,

$$W^{(i)\perp}=\bigcap_{\nu=1}^{i} W_\nu{}^\perp = W^{(i-1)\perp}\cap W_i{}^\perp$$

であることから,

$$\text{(1.48)} \qquad \operatorname{codim} W^{(i)\perp} \leqq \operatorname{codim} W^{(i-1)\perp}+1$$

がわかる. codim $W^{(1)\perp}=1$, codim $W^{(n)\perp}=n$ であるから (1.48) において等号が成立し, codim $W^{(d)\perp}=$codim $W^\perp=d$ となる. また, 明らかに $W^{\perp\perp}\supset W$ で, 次元が等しいので両者は一致する.

(ii) 次元 $n$ に関する帰納法で, 求める基底の存在を示す. $n=0$ のときは明らかで, $n=1$ のときも, $V$ の基底を $r$ とすると, (1.47) から $\langle r, r\rangle=0$ を得, この場合も明らか.

$n$ が一般のとき, $V=V^\perp$ なら明らかだから, $V^\perp\neq V$ と仮定する. $V$ の $n-k$ 次元線型部分空間 $V'$ を, $V=V'\oplus V^\perp$ となるように選び, $\langle\ ,\ \rangle$ を $V'$ に制限したものを $\langle\ ,\ \rangle'$ と表わせば, $(V', \langle\ ,\ \rangle')$ は $n-k$ 次元シンプレクティック・ベクトル空間となる. $p_1$ を $V'$ の 0 でない元とするとき, $\langle p_1, q_1\rangle'=1$ となる $q_1$ ($\in V'$) が存在する. $p_1$ と $q_1$ とで張られる線型空間を $V_1$ とする. もし, $V_1$ が 1 次元ならば $\langle\ ,\ \rangle$ を $V_1$ に制限すると恒等的に 0 を対応させる写像になることを示したので, $V_1$ の次元は 2 でなくてはならない. よって, (i) より $V''=V_1{}^\perp\cap V'$ の次元は $n-k-2$ であることがわかる. また, $V''\cap V_1=\{0\}$ であるから, $V=V_1\oplus V''\oplus V^\perp$ となる. さらに, $V''^\perp\cap V''=V_1{}^{\perp\perp}\cap V''=\{0\}$ であるから,

$\langle\ ,\ \rangle$ を $V''$ に制限したものを $\langle\ ,\ \rangle''$ とおけば，$(V'', \langle\ ,\ \rangle'')$ もシンプレクティック・ベクトル空間となる．帰納法の仮定から，$V''$ の基底 $\{p_i, q_j\}_{i,j=2,\cdots,m}$ で，

$$\begin{cases} \langle p_i, p_j\rangle = \langle q_i, q_j\rangle = 0, \\ \langle p_i, q_j\rangle = \delta_{ij} \end{cases}$$

となるものが存在する．$V^{\perp}$ の基底を $\{r_l\}_{l=1,\cdots,k}$ とすれば $\{p_i, q_j, r_l\}_{i,j=1,\cdots,m;l=1,\cdots,k}$ が求める基底である．

$U\cap V'$ 上に $\langle\ ,\ \rangle$ を制限したものの階数を $2m'$ とすると，

$$\begin{aligned} \dim(U\cap V')^{\perp}\cap(U\cap V') &= \dim(U\cap V')-2m' \\ &\geqq 2m-d-2m' \end{aligned}$$

であるから，

$$\dim(U\cap V')^{\perp}\cap V' \geqq 2m-d-2m'$$

である．一方，シンプレクティック・ベクトル空間 $V'$ 上で考えれば，(i) より

$$\begin{aligned} \dim(U\cap V')^{\perp}\cap V' &= \dim V'-\dim(U\cap V') \\ &\leqq d. \end{aligned}$$

したがって，$2m'\geqq 2(m-d)$ がわかる．▌

さて，多様体 $M$ 上の Pfaff 形式 $\omega$ に対して，

$$\begin{cases} \omega^{(2k)} = d\omega\wedge\cdots\wedge d\omega \quad (k \text{ 個の } d\omega \text{ の外積}), \\ \omega^{(2k+1)} = \omega\wedge\omega^{(2k)} \end{cases}$$

という記号を用いることにする．また，$\omega^{(0)}=1\ (\in\Omega^{(0)}(M))$ と解釈する．

**定義 1.7** Pfaff 形式 $\omega$ に対し，点 $p$ での $\omega$ の**類数**が $r$ であるとは，

$$(1.49)\qquad \begin{cases} {\omega_p}^{(j)} \neq 0 \qquad (j=1,\cdots,r), \\ {\omega_p}^{(r+1)} = 0 \end{cases}$$

となることをいう．

**定理 1.9 (Darboux)** $M$ 上の Pfaff 形式 $\omega$ が点 $p$ の近傍で一定の類数 $r$ をもつとする．このとき，$p$ を原点に写す適当な局所座標系 $(x_1, \cdots, x_m)$ により

$$\omega = \begin{cases} (x_1+1)dx_2+x_3dx_4+\cdots+x_{2k-1}dx_{2k} & (r=2k \text{ のとき}), \\ x_1dx_2+\cdots+x_{2k-1}dx_{2k}+dx_{2k+1} & (r=2k+1 \text{ のとき}) \end{cases}$$

と表わせる．

**補題 1.4** $\boldsymbol{R}^{m+n}$ の点を $(x_1, \cdots, x_m, t_1, \cdots, t_n)$ と表わし，$\alpha=dt_1\wedge\cdots\wedge dt_n$ とおく．$\boldsymbol{R}^{m+n}$ の原点の近傍 $U$ で定義された Pfaff 形式 $\omega$ が与えられていて，

(1.50) $(\omega\wedge\alpha)_p \neq 0,\quad (\omega^{(r)}\wedge\alpha)_p \neq 0,\quad (\omega^{(r+1)}\wedge\alpha)_p = 0 \quad (p\in U)$

が満たされているとする．このとき，原点の近傍で定義された座標変換

$$\begin{cases} x_i \longmapsto y_i = y_i(x,t) & (1\leqq i\leqq m), \\ t_j \longmapsto t_j & (1\leqq j\leqq n) \end{cases}$$

で，$\omega\wedge\alpha$ が $y_1,\cdots,y_r$ と $t_1,\cdots,t_n$ にしか依らないようにできる．($\theta\wedge\alpha$ という形の $\boldsymbol{R}^{m+n}$ 上の微分形式を考えるということは $t$ をパラメータとみた $x$ の微分形式 $\theta$ を考えることと同じである．)

**証明** 整数 $r$ により，$r=2k$ または $r=2k+1$ とおき，さらに，

$$\mathcal{D}_p{}^0 = \{v\in T_p\boldsymbol{R}^{m+n} \mid dt_j(v)=0, j=1,\cdots,n\},$$
$$\mathcal{D}_p{}' = \{v\in \mathcal{D}_p{}^0 \mid d\omega_p(v,w)=0, \forall w\in \mathcal{D}_p{}^0\}$$

とおく．$d\omega_p$ は $\mathcal{D}_p{}^0$ 上の歪対称 2 次形式だから，$\boldsymbol{R}^{m+n}$ での線型な座標変換 $(x_1,\cdots,x_m,t_1,\cdots,t_n)\to(z_1,\cdots,z_m,t_1,\cdots,t_n)$ を行なうと（それは点 $p$ に依存する），自然数 $l$ が存在して

$$d\omega_p((\partial/\partial z_i)_p, (\partial/\partial z_j)_p) = \begin{cases} 1 & (1\leqq i=j-l\leqq l), \\ -1 & (1\leqq j=i-l\leqq l), \\ 0 & (\text{それ以外}) \end{cases}$$

とできる（補題 1.3）．よって，$i>l$ のときに限り $(\omega^{(2i)}\wedge\alpha)_p=0$ となることがわかる．一方

$$\omega^{(j+1)}\wedge\alpha = \omega\wedge(\omega^{(j)}\wedge\alpha)+d(\omega^{(j)}\wedge\alpha)$$

であるから，$j>r$ なら $\omega^{(j)}\wedge\alpha=0$ となる．よって，$l=k$ で，$\dim\mathcal{D}_p{}'=m-2k$ となる．

次に，$\mathcal{D}'=\bigcup_{p\in U}\mathcal{D}_p{}'$ が $U$ 上の微分式系であることを示す．原点で選んだ座標系を $(z_1,\cdots,z_m,t_1,\cdots,t_n)$ とし，

$$d\omega(\partial/\partial z_i, \partial/\partial z_j) = a_{ij}(z,t)$$

とおく．行列 $A=(a_{ij})_{i,j=1,\cdots,2k}$ は原点の近傍で可逆だから，その逆行列を $(b_{ij})_{i,j=1,\cdots,2k}$ とおき，$\mathcal{X}(U)$ の元を

$$X_\nu = \begin{cases} \partial/\partial z_\nu & (\nu=1,\cdots,2k), \\ \partial/\partial z_\nu - \displaystyle\sum_{i,j=1}^{2k} b_{ij}a_{j\nu}\partial/\partial z_i & (\nu=2k+1,\cdots,m) \end{cases}$$

により定義する．

$$d\omega(X_i, X_j) = c_{ij}(z, t)$$

とおくと，$1 \leqq \mu \leqq 2k < \nu \leqq m$ のとき

$$\begin{aligned} c_{\mu\nu} &= d\omega\left(\partial/\partial z_\mu, \partial/\partial z_\nu - \sum_{i,j=1}^{2k} b_{ij} a_{j\nu} \partial/\partial z_i\right) \\ &= a_{\mu\nu} - \sum_{i,j=1}^{2k} a_{\mu i} b_{ij} a_{j\nu} = 0 \end{aligned}$$

となる．一方，$\dim \mathscr{D}_p' = m-2k$ だから，歪対称行列 $(c_{ij})_{i,j=1,\cdots,m}$ の階数は $2k$ であるが，$(c_{ij})_{i,j=1,\cdots,2k} = A$ の階数が $2k$ であるので，$(c_{ij})_{i,j=2k+1,\cdots,m} = 0$ がわかる．よって，$\mathscr{D}'$ は $X_{2k+1}, \cdots, X_m$ を局所基とする $m-2k$ 次元微分式系である．

次に，

$$\mathscr{D}_p = \{v \in \mathscr{D}_p{}^0 \mid \omega_p(v) = d\omega_p(v, w) = 0, \forall w \in \mathscr{D}_p{}^0\}$$

とおけば，$\mathscr{D} = \bigcup_{p \in U} \mathscr{D}_p$ が $n-r$ 次元微分式系となることを示す．そのためには，$\dim \mathscr{D}_p = n-r$ となることをいえばよい．

$r=2k$ のとき．仮定により，$\omega_p{}^{(2k)}(v_1, \cdots, v_{2k}) \neq 0$ となる $v_i \in \mathscr{D}_p{}^0$ が存在する．$w \in \mathscr{D}_p'$ とすれば，$(\omega \wedge \omega^{(2k)})_p$ と $\mathscr{D}_p'$ の定義より

$$\begin{aligned} 0 &= (\omega \wedge \omega^{(2k)})_p(w, v_1, \cdots, v_{2k}) \\ &= \omega_p(w) \cdot (\omega^{(2k)})_p(v_1, \cdots, v_{2k}) \end{aligned}$$

を得るから $\omega_p(w) = 0$ で，結局 $\mathscr{D}_p = \mathscr{D}_p'$ となる．

$r=2k+1$ のとき．$\mathscr{D}_p = \{v \in \mathscr{D}_p' \mid \omega_p(v) = 0\}$ であるから $\mathscr{D}_p \neq \mathscr{D}_p'$ を示せばよい．$(\omega^{(2k+1)} \wedge \alpha)_p \neq 0$ であるから，$\mathscr{D}_p{}^0$ の $2k+1$ 次元線型部分空間 $V$ が存在して $\omega_p{}^{(2k+1)}|_V \neq 0$ となる．仮に $\mathscr{D}_p = \mathscr{D}_p'$ だとすれば，次元から $V \cap \mathscr{D}_p$ に $0$ でない元 $v_1$ が存在することがわかる．この $v_1$ を含んで $V$ の基底 $v_1, \cdots, v_{2k+1}$ をとれば，$\omega_p(v_1) = d\omega_p(v_1, v_j) = 0$ であるから $(\omega_p{}^{(2k+1)})(v_1, \cdots, v_{2k+1}) = 0$ となって矛盾を生じる．

さて，$X, Y$ を $\mathscr{D}$ の局所基の2元とすると

$$\begin{aligned} \iota_{[X,Y]} &= [L_X, \iota_Y] \\ &= L_X \iota_Y - \iota_Y(d\iota_X + \iota_X d) \end{aligned}$$

であるから，$[X, Y]_p \in \mathscr{D}_p$ がわかる．したがって，$\mathscr{D}$ は完全積分可能な $m-r$ 次元微分式系である．定理1.6から，関数 $y_1, \cdots, y_r$ が存在して，$dy_1, \cdots, dy_r$,

$dt_1, \cdots, dt_n$ が $\mathscr{D}^\perp$ の局所基にとれることがわかる．$y_{r+1}, \cdots, y_m$ を選んで $\boldsymbol{R}^{m+n}$ の局所座標系 $(y_1, \cdots, y_m, t_1, \cdots, t_n)$ を定義すれば $\partial/\partial y_{r+1}, \cdots, \partial/\partial y_m$ が $\mathscr{D}$ の局所基となる．$\omega_p \in \mathscr{D}^\perp$ であるから，$\omega = \sum_{i=1}^{r} f_i(y, t)dy_i + \sum_{\nu=1}^{n} g_\nu(y, t)dt_\nu$ となるが，さらに $d\omega(\partial/\partial y_j, \partial/\partial y_l) = 0$ $(j = r+1, \cdots, m;\ l = 1, \cdots, r)$ から，$\partial f_i/\partial y_j = 0$ $(i = 1, \cdots, r;\ j = r+1, \cdots, m)$ が従う．よって，$\omega \wedge \alpha$ は $y_{r+1}, \cdots, y_m$ にはよらない．∎

**定理 1.9 の証明**　最初に，

$$\omega^{(r+1-2l)} \wedge dt_1 \wedge \cdots \wedge dt_l = 0, \tag{1.51}$$

$$\begin{cases} (\omega \wedge dt_1 \wedge \cdots \wedge dt_l)_p \neq 0 & (2l < r \text{ のとき}), \\ (dt_1 \wedge \cdots \wedge dt_l)_p \neq 0 & (2l = r \text{ のとき}) \end{cases} \tag{1.52}$$

を満たす関数 $t_1, \cdots, t_l$ が存在することを $l$ に関する帰納法で示す．ただし，$0 \leqq 2l \leqq r$ とする．

$l=0$ のときは明らかである．$l=n$ のとき求める関数が存在し，さらに $2n \leqq r-2$ であると仮定する．このとき，まず

$$(\omega^{(r-2n-i)} \wedge dt_1 \wedge \cdots \wedge dt_n)_p \neq 0 \quad (i = 0, 1, \cdots, r-2n) \tag{1.53}$$

であることを示そう．そのため，補題 1.4 の証明と同様

$$\mathscr{D}_p{}^0 = \{v \in T_pM \mid dt_j(v) = 0, j = 1, \cdots, n\}$$

とおく．

$r=2k$ の場合．$d\omega_p$ は $T_pM$ 上階数 $2k$ の歪対称 2 次形式を定める．$\mathscr{D}_p{}^0$ の余次元は $n$ であるから，補題 1.3 より，$d\omega_p$ の階数は $\mathscr{D}_p{}^0$ 上では $r-2n$ 以上，$\mathscr{D}_p{}^0 \cap \omega_p{}^\perp$ 上では $r-2n-2$ 以上であることがわかり，(1.53) を得る．

$r=2k+1$ の場合．$d\omega_p$ は $\omega_p{}^\perp$ $(\subset T_pM)$ 上階数 $2k$ の歪対称 2 次形式を定めている．それは，

$$\mathscr{D}_p{}'' = \{v \in T_pM \mid \omega_p(v) = d\omega_p(v, w) = 0, \forall w \in T_pM\}$$

の次元が(補題 1.4 の証明で示したように) $m-r$ となることからわかる．よって $d\omega_p$ の $\omega_p{}^\perp \cap \mathscr{D}_p{}^0$ 上での階数は $2k-2n$ より小さくない．これは (1.53) を意味する．

したがって，補題 1.4 が適用され，$p$ での局所座標系 $(y_1, \cdots, y_{m-n}, t_1, \cdots, t_n)$ が存在して，$\omega \wedge dt_1 \wedge \cdots \wedge dt_n$ は $y_1, \cdots, y_{r-2n}$ と $t_1, \cdots, t_n$ にしかよらない．よって，

$$\omega^{(r-2n-1)} \wedge dt_1 \wedge \cdots \wedge dt_n = \sum_{i=1}^{r-2n} a_i(y_1, \cdots, y_{r-2n}, t_1, \cdots, t_n) dy_1 \wedge \cdots$$

$$\wedge dy_{i-1}\wedge dy_{i+1}\wedge\cdots\wedge dy_{r-2n}\wedge dt_1\wedge\cdots\wedge dt_n$$

と表わせ，$\omega^{(r-2n-1)}\wedge dt_1\wedge\cdots\wedge dt_n\wedge du=0$ という条件は

$$(1.54)\qquad \begin{cases} \displaystyle\sum_{i=1}^{r-2n}(-1)^i a_i(y_1,\cdots,y_{r-2n},t)\frac{\partial u}{\partial y_i}=0, \\ \displaystyle\frac{\partial u}{\partial y_j}=0 \qquad (j=r-2n+1,\cdots,m-n) \end{cases}$$

となる．$(\omega^{(r-2n-1)}\wedge dt_1\wedge\cdots\wedge dt_n)_p\neq 0$ であるから，少なくとも一つの $a_i(p)$ は0でない．定理1.6より，(1.54)の解 $u_1,\cdots,u_{r-n-1}$ が存在して，$(du_j)_p$ が1次独立となることがわかる．よって，$t_{n+1}=u_j$ とおいたとき，少なくとも一つの $u_j$ が $l=n+1$ の場合の条件(1.51)と(1.52)を満足する．

$r=2k$ のとき．帰納法によって，

$$\omega\wedge dt_1\wedge\cdots\wedge dt_k=0, \qquad (dt_1\wedge\cdots\wedge dt_k)_p\neq 0$$

となる関数 $t_j$ の存在が証明された．したがって，

$$\omega=\sum_{i=1}^{k} f_i dt_i$$

と表わせるが，$\omega_p{}^{(r)}\neq 0$ だから $(df_1\wedge\cdots\wedge df_k\wedge dt_1\wedge\cdots\wedge dt_k)_p\neq 0$ である．また，$\omega_p\neq 0$ だから $f_i(p)$ の少なくとも一つは0ではないので，たとえば $f_1(p)\neq 0$ と仮定してよい．

このとき，座標関数 $x_1,\cdots,x_{2k}$ を

$$\begin{cases} x_1=f_1{}^{-1}(p)f_1-1, \\ x_2=\displaystyle\sum_{i=1}^{k} f_i(p)(t_i-t_i(p)), \\ x_{2j-1}=f_j-f_j(p)f_1{}^{-1}(p)f_1 \\ x_{2j}=t_j-t_j(p) \end{cases} \qquad (j=2,\cdots,k)$$

により定義し，これを含んで $p$ を原点に写す局所座標系 $(x_1,\cdots,x_m)$ を作ればよい．

$r=2k+1$ のとき．帰納法によって，

$$d\omega\wedge dt_1\wedge\cdots\wedge dt_k=0, \qquad (\omega\wedge dt_1\wedge\cdots\wedge dt_k)_p\neq 0$$

となる関数 $t_j$ の存在が証明された．補題1.4より，関数 $y$ と，$t_1,\cdots,t_k$ と $y$ のみの関数 $b(y,t)$ が存在して

$$\omega\wedge dt_1\wedge\cdots\wedge dt_k=b(y,t)dy\wedge dt_1\wedge\cdots\wedge dt_k$$

と表わせることがわかる．ここで，関数 $z$ を

$$z=\int_{y(p)}^{y}b(y,t)dy$$

と定義すれば，$\omega\wedge dt_1\wedge\cdots\wedge dt_k=dz\wedge dt_1\wedge\cdots\wedge dt_k$ となるから

$$\omega=dz+\sum_{i=1}^{k}g_idt_i$$

と表わせる．さらに，座標関数 $x_1,\cdots,x_{2k+1}$ を

$$\begin{cases} x_{2j-1}=g_j-g_j(p) & \\ x_{2j}=t_j-t_j(p) & (j=1,\cdots,k), \\ x_{2k+1}=z+\sum_{i=1}^{k}g_i(p)(t_i-t_i(p)) & \end{cases}$$

と定義すると，$\omega=x_1dx_2+\cdots+x_{2k-1}dx_{2k}+dx_{2k+1}$ となる．$\omega_p{}^{(2k+1)}\neq0$ であるから $(dx_j)_p$ $(j=1,\cdots,2k+1)$ は1次独立であり，求める局所座標系の存在は明らかである．∎

定理の証明の(1.51), (1.52) ⟹ (1.53)の部分で $n=0$ とおけば，条件(1.49)は次の条件と同値であることがわかる．

(1.55)　$\omega_p\neq0,\quad \omega_p{}^{(r)}\neq0,\quad \omega_p{}^{(r+1)}=0$　(ただし，$r\geqq1$).

この定理から，直ちに閉2次形式の標準形が求められる．

**定理 1.10**　$\theta$ を $M$ 上の2次の微分形式とする．$M$ の各点 $p$ に対し，$p$ の近傍で定義された Pfaff 形式 $\omega$ が存在して，$\theta=d\omega$ と表わせるとき，$\theta$ を**閉2次形式**という．このとき，さらに

$$\theta^{k+1}=0,\quad \theta_p{}^k\neq0$$

が成立するなら，$p$ での局所座標系 $(x_1,\cdots,x_m)$ を適当に選ぶことにより

$$\theta=dx_1\wedge dx_2+dx_3\wedge dx_4+\cdots+dx_{2k-1}\wedge dx_{2k}$$

となる．ただし，$\theta^l$ は，2次微分形式 $\theta$ の $l$ 個の外積を表わす．

**証明**　$p$ の近傍で定義された Pfaff 形式 $\omega$ を用いて $\theta=d\omega$ と表わす．$p$ での座標関数 $y$ に対し，$\omega'=\omega+dy$ とおけば，$\theta=d\omega'$ となることに注意しよう．

$m>2k$ のとき，$y$ を適当にとれば $\omega_p'^{(2k+1)}\neq0$ とでき $\omega'$ は $p$ の近傍で一定の類数 $2k+1$ をもつ．$m=2k$ のときも $y$ を適当にとれば $\omega_p'\neq0$ となり，このときの $\omega'$ の類数は $p$ の近傍で $2k$ である．よって，どちらの場合も定理1.9を $\omega'$ に

適用することによりこの定理を得る. ▌

さて, 単独の Pfaff 方程式 $\omega=0$ で定義された微分式系の積分多様体を単に $\omega$ の**積分多様体**ということにする. $\omega$ の類数が一定であれば, 定理1.9によりその標準形がわかっているから, その積分多様体の最大次元も容易にわかる. 一方, 0にならない関数 $f$ に対し, Pfaff 方程式 $\omega=0$ と $f\omega=0$ とは同一の微分式系を定義するが, $\omega$ の類数は $f$ をかけることに関して不変な性質ではない. そこで, 次のような定義をする.

**定義 1.8** $M$ 上の Pfaff 形式 $\omega$ に対し, $M$ の点 $p$ における**半類数**が $r$ であるとは,

$$\omega_p{}^{(2r+1)}=0, \qquad \omega_p{}^{(2r-1)}\neq 0$$

となることをいう. ——

次の補題を見れば, この定義は $\omega$ に0にならない関数を乗じることに対し不変な性質であることがわかる.

**補題 1.5** Pfaff 形式 $\omega$ と0にならない関数 $f$ に対し,

(i) $(f\omega)^{(2k)}=f^k(\omega^{(2k)}+kf^{-1}df\wedge\omega^{(2k-1)})$.

(ii) $(f\omega)^{(2k+1)}=f^{k+1}\omega^{(2k+1)}$. ——

補題の証明は容易であるから略す. この半類数を用いて, 次の定理が述べられる.

**定理 1.11** $M$ 上の Pfaff 形式 $\omega$ が, $M$ の点 $p$ の近傍で一定の半類数 $r$ をもつとする. このとき $p$ を原点に写す局所座標系 $(x_1, \cdots, x_m)$ を選べば

$$\omega=c(dx_1+x_2dx_3+\cdots+x_{2r-2}dx_{2r-1})$$

と表わせる. ただし, $c$ は $p$ の近傍で定義された0にならない関数である.

**注意** たとえば, $\omega=(1+x_1{}^2)dx_2$ は原点の近傍で類数が一定でないので定理1.9は使えないが, この定理1.11の仮定は満たされる $(r=1)$. また, たとえば $dx_1+x_2{}^2dx_3+x_4dx_5$ などは原点の近傍での半類数も一定でない. このような場合は, 大島 "微分形式の特異点について", 数理解析研究所講究録, **227** (1975), 97-108, で考察されている. 章末の問題5も参照せよ.

**定理 1.11 の証明** $m=2r-1$ のときは, $\omega$ の類数が $p$ の近傍で変わらず $2r-1$ となるので, 定理1.9に帰着する.

$m\geqq 2r$ のときは補題1.5から, 適当な0にならない関数 $f$ により, $(f\omega)_p{}^{(2r)}$

$\neq 0$ とできることがわかる．この場合 $f\omega$ は $p$ の近傍で一定の類数 $2r$ をもつ．したがって，定理 1.9 により，$f\omega$ は次のように表わせる．

$$\begin{aligned} f\omega &= (x_1+1)dx_2+x_3dx_4+\cdots+x_{2r-1}dx_{2r} \\ &= (x_1+1)(dx_1'+x_2'dx_3'+\cdots+x_{2r-2}'dx_{2r-1}'). \end{aligned}$$

ただし，$x_{2i-1}'=x_{2i}$，$x_{2j}'=x_{2j+1}(x_1+1)^{-1}$ $(i=1,\cdots,r;\ j=1,\cdots,r-1)$ とおいた．この $x_1',\cdots,x_{2r-1}'$ を含んで求める局所座標系が得られる．▮

さて，$M$ 上の一般の微分形式 $\omega_1,\cdots,\omega_k$ が与えられたとき，はめ込み $\varphi: N\to M$ が $\varphi^*\omega_1=\cdots=\varphi^*\omega_k=0$ を満たすなら，$N$ を $\omega_1,\cdots,\omega_k$ の**積分多様体**と呼ぼう（$M$ の部分多様体 $N$ に対しては，$\varphi$ は自然な包含写像にとる）．このとき，$M$ 上の任意の微分形式 $\omega_1{}^1,\cdots,\omega_k{}^1,\omega_1{}^2,\cdots,\omega_k{}^2$ に対して

$$\varphi^*\left(\sum_{i=1}^{k}(\omega_i{}^1\wedge\omega_i+\omega_i{}^2\wedge d\omega_i)\right)=\sum_{i=1}^{k}(\varphi^*\omega_i{}^1\wedge\varphi^*\omega_i+\varphi^*\omega_i{}^2\wedge d\varphi^*\omega_i)=0$$

となることを考慮して，次のような定義をする．

**定義 1.9** $\bigwedge T^*M$ の部分集合 $\mathcal{I}=\bigcup_{p\in M}\mathcal{I}_p$ $(\mathcal{I}_p\subset\bigwedge T_p{}^*M)$ が**微分イデアル**とは，$M$ の各点 $p$ に対し，$p$ の近傍 $U$ と $U$ 上の微分形式 $\omega_1,\cdots,\omega_k$ が存在して，$U$ の各点 $q$ で

$$\mathcal{I}_q=\left\{\sum_{i=1}^{k}(w_i{}^1\wedge(\omega_i)_q+w_i{}^2\wedge(d\omega_i)_q)\mid w_i{}^1,w_i{}^2\in\bigwedge T_q{}^*M\right\} \tag{1.56}$$

が成立するとき，すなわち，$\mathcal{I}_q$ が $(\omega_1)_q,\cdots,(\omega_k)_q,(d\omega_1)_q,\cdots,(d\omega_k)_q$ を生成元とするイデアルとなるときをいう．逆に，$M$ 上の微分形式 $\omega_1,\cdots,\omega_k$ が与えられたとき，(1.56) で定義される $\mathcal{I}$ は，$\omega_1,\cdots,\omega_k$ を生成元とする微分イデアルであるという．

また，微分イデアル $\mathcal{I}$ が**正則**であるとは，$U$ 上の微分形式 $\omega$ で，$U$ の各点 $q$ において $\omega_q\in\mathcal{I}_q$ を満たすものに対し，

$$\omega=\sum_{i=1}^{k}(\omega_i{}^1\wedge\omega_i+\omega_i{}^2\wedge d\omega_i)$$

となるような $\omega_i{}^1,\omega_i{}^2\in\Omega(U)$ が存在し，さらに

$$\bigcup_{p\in M}\{v\in T_pM\mid \iota_v(\mathcal{I}_p)\subset\mathcal{I}_p\} \tag{1.57}$$

が微分式系を定義する場合をいう．この微分式系(1.57)を，$\mathcal{I}$（または $\omega_1,\cdots,\omega_k$）の**特性系**という．——

**定理 1.12** (**E. Cartan**)　正則な微分イデアルの特性系は完全積分可能である.

**証明**　定義 1.9 の記号を用いる. $U$ 上の微分形式 $\omega$ で $\omega_q\in\mathcal{J}_q$ $(q\in U)$ を満たすもの全体を $\Gamma(U,\mathcal{J})$ とおく. $\mathcal{J}$ の特性系の $U$ での局所生成元の任意の二つを $X, Y$ とすると, $d, \iota_X, \iota_Y$ はすべて $\Gamma(U,\mathcal{J})$ から $\Gamma(U,\mathcal{J})$ への写像となることに注意しよう. 定理 1.3 より

$$\begin{aligned}\iota_{[X,Y]}&=[L_X,\iota_Y]\\&=(d\iota_X+\iota_Xd)\iota_Y-\iota_Y(d\iota_X+\iota_Xd)\end{aligned}$$

であるから, $\iota_{[X,Y]}(\Gamma(U,\mathcal{J}))\subset\Gamma(U,\mathcal{J})$ がわかる. よって $U$ の点 $q$ と $\mathcal{J}_q$ の元 $w$ に対し, $\omega_q=w$ となる $\Gamma(U,\mathcal{J})$ の元 $\omega$ をとれば,

$$\iota_{[X,Y]_q}w=(\iota_{[X,Y]}\omega)_q\in\mathcal{J}_q$$

がわかる. これは, $[X, Y]$ も特性系に属することを意味し定理 1.6 からこの定理を得る. ▮

以下, Pfaff 方程式

$$\omega_{r+1}=\cdots=\omega_m=0$$

で定義された $M$ 上の $r$ 次元微分式系 $\mathcal{D}$ が与えられ, $\omega_{r+1},\cdots,\omega_m$ の生成する微分イデアル $\mathcal{J}$ の特性系 $\mathcal{D}'$ が正則となる場合を考えよう.

**定理 1.13**　特性系 $\mathcal{D}'$ が $r'$ 次元微分式系であるならば, $M$ の各点 $p$ に対し, $p$ の近傍 $U$, $U$ での局所座標系 $(x_1,\cdots,x_{r'},y_{r'+1},\cdots,y_m)$ および変数 $x_1,\cdots,x_{r'}$ を含まない $U$ 上の Pfaff 形式

$$\omega_i'=a_i^{r'+1}(y_{r'+1},\cdots,y_m)dy_{r'+1}+\cdots+a_i^m(y_{r'+1},\cdots,y_m)dy_m$$
$$(i=r+1,\cdots,m)$$

が存在し, もとの微分式系 $\mathcal{D}$ は $U$ 上 $\omega_{r+1}'=\cdots=\omega_m'=0$ で定義される.

**証明**　$\mathcal{D}'$ は完全積分可能だから, $p$ での局所座標系 $(x_1,\cdots,x_{r'},y_{r'+1},\cdots,y_m)$ を選んで, $\partial/\partial x_1,\cdots,\partial/\partial x_{r'}$ が $\mathcal{D}'$ の局所基となるようにできる (定理 1.6). このとき, $\omega_i(\partial/\partial x_j)=0$ であるから

$$\omega_i=b_i^{r'+1}(x,y)dy_{r'+1}+\cdots+b_i^m(x,y)dy_m\qquad(i=r+1,\cdots,m)$$

と表わせる. 一方, $(\omega_{r+1})_p,\cdots,(\omega_m)_p$ は 1 次独立だから, 必要なら関数 $b_i^j(x,y)$ の添字 $j$ の順序を交換して, 行列 $(b_i^j)_{i,j=r+1,\cdots,m}$ が点 $p$ で正則と仮定してよい. その逆行列を掛けることによって $\mathcal{J}$ の生成元をとりかえれば

$$\omega_i'=a_i^{r'+1}(x,y)dy_{r'+1}+\cdots+a_i^r(x,y)dy_r+dy_i\qquad(i=r+1,\cdots,m)$$

という形にできる．一方，$U$ の各点 $q$ で $(\iota_{\partial/\partial x_j}(d\omega_i'))_q$ が $(\omega_{r+1}')_q, \cdots, (\omega_m')_q$ の 1 次結合で書けるということは $\iota_{\partial/\partial x_j}(d\omega_i')=0$ と同値であることが $\omega_i'$ の形からわかる．よって関数 $a_i^{r'+1}, \cdots, a_i^r$ は $x$ によらない．∎

**定義 1.10** Pfaff 形式系 $\omega_{r+1}, \cdots, \omega_m$ の特性系の最大次元積分多様体を $\omega_{r+1}, \cdots, \omega_m$ (または $\mathscr{I}, \mathscr{D}$) の**特性体**という．——

定理 1.13 の記号を用いれば

$$\{(x_1, \cdots, x_{r'}, y_{r'+1}, \cdots, y_m) \in U \mid y_{r'+1}=c_{r'+1}, \cdots, y_m=c_m\}$$

で定まる $r'$ 次元部分多様体が ($U$ 内の) 特性体である．

$U$ から $m-r'$ 次元多様体へのサブマーション

(1.58)

$$\begin{array}{rccl} \varphi\colon & U & \longrightarrow & U' = \{(y_{r'+1}, \cdots, y_m) \in \boldsymbol{R}^{m-r'} \mid (x_1, \cdots, x_{r'}, y_{r'+1}, \cdots, y_m) \in U\} \\ & \rotatebox{90}{$\in$} & & \rotatebox{90}{$\in$} \\ & (x, y) & \mapsto & y \end{array}$$

を考える．このとき，$U'$ の各点の $\varphi$ による逆像 (これを $\varphi$ の**ファイバー**という) が $U$ 内の特性体であるということもできる．一般に，写像 $f\colon M \to N$ が**サブマーション**であるとは，$M$ の各点 $p$ に対し，$df\colon T_pM \to T_{f(p)}N$ が全射となることをいう．そのとき，$M$ の局所座標系を適当にとれば，写像 $f$ は (1.58) の形に表わせることが陰関数定理からわかる．

さて，定理 1.13 によれば，$U'$ 上の Pfaff 形式 $\bar{\omega}_{r+1}, \cdots, \bar{\omega}_m$ が存在して，$\varphi^*\bar{\omega}_i = \omega_i'|_U$ $(i=r+1, \cdots, m)$ となっている．このことから，次の定理を得る．

**定理 1.14** Pfaff 形式 $\omega_{r+1}, \cdots, \omega_m$ と $\bar{\omega}_{r+1}, \cdots, \bar{\omega}_m$ および写像 $\varphi\colon U \to U'$ が上に述べた状況にあるとする．

(i) $U'$ の部分多様体 $V'$ が $\bar{\omega}_{r+1}, \cdots, \bar{\omega}_m$ の積分多様体であるならば，$\varphi^{-1}(V')$ は $\omega_{r+1}, \cdots, \omega_m$ の積分多様体になる．

(ii) $U$ の部分多様体 $V$ が $\omega_{r+1}, \cdots, \omega_m$ の積分多様体で，$\varphi|_V$ の階数が $V$ 上で一定とする．このとき，$V$ の点 $p$ に対し $p$ の開近傍 $W$ が存在し，$\varphi(V \cap W)$ は $\bar{\omega}_{r+1}, \cdots, \bar{\omega}_m$ の積分多様体となる．したがって，$V \cap W$ の点を通る特性体の合併 $\varphi^{-1} \circ \varphi(V \cap W)$ も $\omega_{r+1}, \cdots, \omega_m$ の積分多様体となる．

**証明** (ii) において，陰関数定理から，十分小さな $W$ に対し，$\varphi(V \cap W)$ は $\varphi|_V$ の階数に等しい次元の $U'$ の部分多様体となり，$\varphi\colon V \cap W \to \varphi(V \cap W)$ はサ

ブマーションになることがわかる．

$U$ の部分多様体 $Z$ と $U'$ の部分多様体 $Z'=\varphi(Z)$ があって，$\varphi: Z\to Z'$ がサブマーションとなるならば，$Z$ の点 $p$ に対し

$$(\varphi^*\bar{\omega}_i)_p|_{T_pZ}=0 \Longleftrightarrow (\omega_i')_{\varphi(p)}|_{d\varphi(T_pZ)}=0$$
$$\Longleftrightarrow (\omega_i')_{\varphi(p)}|_{T_pZ'}=0$$

となる．よって，$Z$ が $\omega_{r+1},\cdots,\omega_m$ の積分多様体であることと，$Z'$ が $\bar{\omega}_{r+1},\cdots,\bar{\omega}_m$ の積分多様体であることは同値となる．これから (i), (ii) は明らか．▌

**注意** Pfaff 方程式 $\omega_{r+1}=\cdots=\omega_m=0$ が完全積分可能な微分式系 $\mathscr{D}$ を定義している場合は，その特性系 $\mathscr{D}'$ は $\mathscr{D}$ に一致する．定義 1.6 の座標系を用いれば，$\varphi$ は

$$\varphi:\ (x_1,\cdots,x_m)\longmapsto(x_{r+1},\cdots,x_m)$$

で与えられる．このとき $\mathscr{D}$ の特性体は $\mathscr{D}$ の最大次元積分多様体である．

$r=m-1$，すなわち単独の Pfaff 形式 $\omega$ の場合を考えよう．$\omega$ の半類数が一定で $r$ の場合は，$\omega$ の生成する微分イデアルは正則で，定理 1.11 の記号を用いれば

$$\varphi:\ (x_1,\cdots,x_m)\longmapsto(x_1,\cdots,x_{2r-1})$$

となる．$V$ を $\omega$ の最大次元積分多様体とする．$\varphi|_V$ の階数が最大になる $V$ の点 $p$ の近傍で考えれば (ii) の仮定が満たされるから，$\varphi^{-1}\circ\varphi(V)=V$ でなくてはならない．(i) とあわせれば，

“$\omega$ の積分多様体の最大次元” = “$\bar{\omega}$ の積分多様体の最大次元”
+“$\varphi$ のファイバーの次元”

がわかる．すなわち，$\omega$ の積分多様体の最小余次元は，半類数 $r$ にしかよらないが，実際それが $r$ に等しいことは次の例からわかる．

$\boldsymbol{R}^{2r}$ の原点の近傍で定義された Pfaff 形式 $\omega=\sum_{i=1}^{r}(1+x_{r+i})dx_i$ の半類数は $r$ となる．$V$ を $\omega$ の積分多様体とすると，$V$ の点 $p$ に対し，$d\omega_p|_{T_pV}=0$ となる．$\langle T_p\boldsymbol{R}^{2r}, d\omega_p\rangle$ はシンプレクティック・ベクトル空間だから，$T_pV$ の余次元，すなわち $V$ の余次元は $r$ 以上である (補題 1.3 を見よ)．一方，$x_1=c_1,\cdots,x_r=c_r$ で定義される余次元 $r$ の積分多様体が存在する．

$\bar{\omega}$ の (最大次元) 積分多様体については，§2.2，§2.3 で議論する．

**定理 1.15** 定理 1.13 の記号を用いよう．$M$ の各点 $p$ に対し，$X_p\in\mathscr{D}_p'$ となる $M$ 上のベクトル場 $X$ の定める 1 パラメータ変換群を $\varphi_{(t)}$ とおく．このとき変数 $(x_1,\cdots,x_{r'},y_{r'+1},\cdots,y_m,t)$ の定める多様体上で，関数 $c_i{}^j(x,y,t)$ が存在して，

$$\varphi_{(t)}{}^*\omega_i=\sum_{j=r+1}^{m}c_i{}^j(x,y,t)\omega_j$$

が成立する．

**証明**　$X$ は $\lambda_1(x,y)\partial/\partial x_1+\cdots+\lambda_{r'}(x,y)\partial/\partial x_{r'}$ と表わせるから $\varphi_{(t)}:(x,y,t)\mapsto(\psi(x,y,t),y,t)$ の形をしている．

$$\omega_i=\sum_{j=r+1}^{m}g_i{}^j(x,y)\omega_j{}',\qquad \omega_j{}'=\sum_{\nu=r+1}^{m}h_j{}^\nu(x,y)\omega_\nu$$

とおくと

$$\begin{aligned}\varphi_{(t)}{}^*\omega_i&=\sum_{j=r+1}^{m}\varphi_{(t)}{}^*g_i{}^j(x,y)\left(\sum_{\nu=r'+1}^{m}a_i{}^\nu(y)dy_\nu\right)\\&=\sum_{j=r+1}^{m}g_i{}^j(\psi(x,y,t),y)\omega_j{}'\\&=\sum_{\nu=r+1}^{m}\sum_{j=r+1}^{m}g_i{}^j(\psi(x,y,t),y)h_j{}^\nu(x,y)\omega_\nu\end{aligned}$$

となる．∎

## 問　　題

**1**　多様体 $M$ の開集合 $U$ 上の $C^\infty$ 級関数の全体を $\mathcal{F}(U)$ とし，$U$ を動かしたときの $\mathcal{F}(U)$ のすべての合併を $\mathcal{F}$ とおく．$\mathcal{F}$ から $\mathcal{F}$ への写像 $\Phi$ で次の性質をもつものを考える．

(i)　$f\in\mathcal{F}(U)\Longrightarrow\Phi(f)\in\mathcal{F}(U)$,

(ii)　$U\subset U'$, $f\in\mathcal{F}(U')\Longrightarrow\Phi(f|_U)=\Phi(f)|_U$,

(iii)　$\lambda\in\boldsymbol{R}$, $f,g\in\mathcal{F}(U)\Longrightarrow\Phi(\lambda f+g)=\lambda\Phi(f)+\Phi(g)$,

(iv)　$f,g\in\mathcal{F}(U)\Longrightarrow\Phi(fg)=f\Phi(g)+\Phi(f)g$.

このとき，$M$ 上のベクトル場 $X$ が存在して，$f\in\mathcal{F}$ に対し，$Xf=\Phi(f)$ となる．

**2**　各点で1次独立なベクトル場 $X_1,\cdots,X_r$ が与えられていて，$[X_i,X_j]=0$ $(i,j=1,\cdots,r)$ を満たすならば，適当な局所座標系 $(x_1,\cdots,x_m)$ によって $X_i=\partial/\partial x_i$ $(i=1,\cdots,r)$ と表わせる．

**3**　$\boldsymbol{R}^2$ $(\ni(x,y))$ 上の Pfaff 形式 $\omega=ydx+(x+x^2y)dy$ は，原点の近傍では $C^\infty$ 級関数 $f,g$ によって $\omega=fdg$ と表わすことはできない．

**4**　定理1.7において(1.45)で定義される $Y_j$ に対し，$Y_ju=0$ $(j=1,\cdots,r)$ の解 $u(x_1,\cdots,x_m,s,t)$ で，$\partial u/\partial t$ が0とならないものが与えられたとする．$u(x,s,t)=0$ を陰関数定理により $t=v(x,s)$ と表わしたとき，関数 $(\partial v/\partial s)(x,0)$ は(1.41)の解である．

**5**　$h(x_1,\cdots,x_n,y_1,\cdots,y_n)$ は斉次2次の多項式とする．このとき，$\boldsymbol{R}^{2n}$ の原点の近傍で定義された Pfaff 形式 $x_1dy_1+\cdots+x_ndy_n+dh(x,y)$ の標準形を求めよ．

**6**　(i)　$\boldsymbol{R}^{2n+1}$ の原点の近傍で定義された関数 $H(p_1,\cdots,p_n,x_1,\cdots,x_n.t)$ に対する正準

微分方程式系 (定理 3. 10 を参照せよ)

$$\frac{dx_i}{dt}=\frac{\partial H}{\partial p_i}, \qquad \frac{dp_i}{dt}=-\frac{\partial H}{\partial x_i} \qquad (i=1, \cdots, n)$$

の解 $(p, x)$ で, $(p, x)|_{t=0}=(q, y)$ を満たすものに対し, 関数行列式 $|\partial(p, x)/\partial(q, y)|$ は原点で 1 だから $(q, y)$ が $(p, x)$ の関数として表わせる. このとき,

$$dp_1\wedge dx_1+\cdots+dp_n\wedge dx_n-dH(p, x, t)\wedge dt = dq_1\wedge dy_1+\cdots+dq_n\wedge dy_n$$

が成立する.

(ii) (i) を用いて定理 1. 10 を証明せよ.

(iii) 定理 1. 12 と (ii) を用いて定理 1. 11 を証明せよ.

(iv) (iii) を用いて定理 1. 9 を証明せよ.

# 第2章　シンプレクティック構造と接触構造

## §2.1　シンプレクティック多様体と接触多様体

多様体 $M$ の余接バンドル $T^*M$ は，単に多様体である以上に特別な幾何学的構造をもっている．すなわち，その上には閉2次形式 $\sum_{i=1}^{m} d\xi_i \wedge dx_i$ ($x$ は $M$ の座標，$\xi$ は余接成分の座標) が定義されており，この形式を保存するような変換を考えることは重要である．余接バンドルの代わりに，その余接球バンドル $S^*M$ ($M$ が複素多様体のときは，余接射影バンドル $P^*M$) にも同様の事情がある．これらを定式化したものが標題の多様体である．

**定義 2.1**　$2n$ 次元多様体 $M$ 上に閉2次形式 $\theta$ (定理1.10を参照せよ) が与えられており，$\theta^n$ が $M$ の各点で消えないとき，$(M, \theta)$ を**シンプレクティック多様体**といい，$\theta$ をそれの**シンプレクティック構造**，または**基本2次形式**という．

**例 2.1**　$N$ を $n$ 次元の多様体とするとき，余接バンドル $T^*N$ は，$\theta=\sum_{i=1}^{n} d\xi_i \wedge dx_i$ を基本2次形式としてシンプレクティック多様体となる．ただし，$(x_1, \cdots, x_n)$ は $N$ の局所座標系で，$N$ の点 $p$ に対し $T_p{}^*N$ の元を $\sum_{i=1}^{n} \xi_i dx_i$ と表わせば $(x_1, \cdots, x_n, \xi_1, \cdots, \xi_n)$ が $T^*N$ の局所座標系となる．この $\theta$ は座標系を用いなくても次のように定義できる．

$\pi: T^*N \to N$ を自然な射影とする．$T^*N$ の点 $q$ とは $T_{\pi(q)}{}^*N$ の元のことであるから，$T_q(T^*N)$ の元 $v$ に対し，

$$\omega_q(v) = q(d\pi_q(v))$$

によって $T^*N$ 上の Pfaff 形式 $\omega=\sum_{i=1}^{n} \xi_i dx_i$ が定義される．このとき，$\theta=d\omega$ である．

逆に，任意のシンプレクティック多様体は，局所的にはある多様体の余接バンドルとシンプレクティック多様体として同型である．これは，定理1.10の閉2次形式の標準形からわかる．以下では，例として $T^*N$ を思い浮かべて読むとよい．——

**定義 2.2**　同次元のシンプレクティック多様体 $(M, \theta)$ と $(M', \theta')$ に対して，写

像 $f: M \to M'$ が**シンプレクティック変換**であるとは，$f^*\theta'=\theta$ が成立することをいう．

また，$\mathcal{T}(M,\theta)=\{X\in\mathcal{X}(M)\mid L_X\theta=0\}$ とおいて，この元を $M$ 上の**無限小シンプレクティック変換**，または **Hamilton ベクトル場**と呼ぶ．——

**定理 2.1**　$M$ 上の無限小シンプレクティック変換 $X$ から生成される局所1パラメータ変換群 $\varphi_{(t)}$（定理1.4を参照せよ）による変換は，シンプレクティック変換である．

**証明**　局所座標系 $(x_1,\cdots,x_{2n})$ により

$$\theta=\sum_{i<j}a_{ij}(x)dx_i\wedge dx_j,$$

$$\varphi_{(t)}{}^*(\theta)=\sum_{i<j}u_{ij}(t,x)dx_i\wedge dx_j$$

と表わす．定理1.5から

$$\lim_{h\to 0}\frac{\varphi_{(t+h)}{}^*(\theta)-\varphi_{(t)}{}^*(\theta)}{t}=\lim_{h\to 0}\varphi_{(t)}{}^*\left(\frac{\varphi_{(h)}{}^*(\theta)-\theta}{t}\right)$$

$$=\varphi_{(t)}{}^*(L_X\theta)=0,$$

すなわち，$du_{ij}/dt=0$ $(1\leqq i<j\leqq 2n)$ がわかる．一方，$u_{ij}(0,x)=a_{ij}(x)$ であるから，常微分方程式の初期値問題の解の一意性から，$u_{ij}(t,x)=a_{ij}(x)$ を得る．これは，$\varphi_{(t)}$ がシンプレクティック変換であることを意味する．∎

**注意**　シンプレクティック多様体上には，$\theta^n$ という各点で消えない標準的な $2n$ 次微分形式が存在する．シンプレクティック変換 $f$ に対しては，$f^*\theta'^n=\theta^n$ が成立し，$f$ の関数行列式は0とならないので，$f$ は局所微分同相となる．したがって，局所的には $f^{-1}$ が存在し，それもシンプレクティック変換となる．

**例 2.2**　余接バンドル $T^*N$ において，底空間 $N$ の座標変換は自然に $T^*N$ 上のシンプレクティック変換をひきおこす．それは座標変換に応ずる余接成分の変換法則から明らかである．

$N$ の座標変換からひきおこされるもの以外のシンプレクティック変換の例を挙げておこう．添字の集合 $K\subset\{1,\cdots,n\}$ に対し，

$$y_i=\begin{cases}x_i & (i\notin K\text{ のとき}),\\ \xi_i & (i\in K\text{ のとき}),\end{cases}\qquad \eta_i=\begin{cases}\xi_i & (i\notin K\text{ のとき}),\\ -x_i & (i\in K\text{ のとき})\end{cases}$$

とおけば，$\sum_{i=1}^n d\eta_i\wedge dy_i=\sum_{i=1}^n d\xi_i\wedge dx_i$ が成立するから，$(\xi,x)\mapsto(\eta,y)$ はシンプレクティック変換を与える．これを**基本シンプレクティック変換**といい，特に $K$

$=\{1, \cdots, n\}$ であるときは，**Legendre 変換**と呼ぶ．——

さて，関係式 $[L_X, L_Y]=L_{[X,Y]}$ により，$X$ と $Y$ が共に $\mathcal{T}(M,\theta)$ の元ならば，$[X, Y]$ も $\mathcal{T}(M,\theta)$ の元となることがわかる．

基本2次形式 $\theta$ は，$T_pM$ 上に非退化歪対称2次形式を定めるから

$$\begin{array}{rccc} F\colon & T_pM & \longrightarrow & T_p{}^*M \\ & \rotatebox{90}{$\in$} & & \rotatebox{90}{$\in$} \\ & v & \longmapsto & -\iota_v\theta_p \end{array}$$

は同型写像を与える．実際，$-\iota_v\theta_p=0$ なら，すべての $v'(\in T_pM)$ に対し $\theta_p(v, v')=0$ となるから $v=0$ がわかる．よって $F$ は単射であるが，$T_pM$ と $T_p{}^*M$ の次元は等しいから全射であることもわかる．この対応 $F$ の逆写像を $H$ と書く．$H$ は $M$ の開集合 $U$ に対し，同型写像

$$H\colon \Omega^{(1)}(U) \xrightarrow{\sim} \mathcal{X}(U) \tag{2.1}$$

をひきおこす．そして，

$$-\iota_{H\omega}\theta = \omega \tag{2.2}$$

がすべての $U$ 上の Pfaff 形式 $\omega$ に対して成立する．

$[\ ,\ ]$ は $\mathcal{X}(U)\times\mathcal{X}(U)$ から $\mathcal{X}(U)$ への写像であったが，同型写像 $H$ によって $[\ ,\ ]$ に対応する $\Omega^{(1)}(U)\times\Omega^{(1)}(U)$ から $\Omega^{(1)}(U)$ への写像 $\{\ ,\ \}$ が定義される．すなわち，

$$\{\omega_1, \omega_2\} = -\iota_{[H\omega_1, H\omega_2]}\theta \qquad (\omega_1, \omega_2 \in \Omega^{(1)}(U)). \tag{2.3}$$

この $\{\ ,\ \}$ を **Poisson の括弧式**という．$H$ は同型対応であるから，$[\ ,\ ]$ に対して成立する関係式は $\{\ ,\ \}$ に対しても成立する．たとえば，$[\ ,\ ]$ に関する Jacobi の恒等式に対応して，

$$\{\omega_1, \{\omega_2, \omega_3\}\}+\{\omega_2, \{\omega_3, \omega_1\}\}+\{\omega_3, \{\omega_1, \omega_2\}\}=0$$
$$(\omega_1, \omega_2, \omega_3 \in \Omega^{(1)}(U))$$

となるが，これも **Jacobi の恒等式**という．

**定理 2.2** (2.1) の写像 $H$ は，同型写像

$$H\colon \Gamma(M, d\mathcal{F}) \xrightarrow{\sim} \mathcal{T}(M,\theta) \tag{2.4}$$

をひきおこす．ただし，$\Gamma(M, d\mathcal{F})$ の定義は

$$\Gamma(M, d\mathcal{F}) = \{\omega \in \Omega^{(1)}(M) \mid d\omega=0\}$$

であり，その元を**閉1次形式**という．よって，写像 $H$ により，閉1次形式と無

限小シンプレクティック変換とが1対1に対応する．

また，$\mathcal{T}(M,\theta)$ の元 $X, Y$ に対し，$H^{-1}[X, Y]$ は，$d(\mathcal{F}(M))$ の元になる．$d(\mathcal{F}(M))$ の元を**完全1次形式**という．$d^2=0$ だから，完全1次形式は閉1次形式となることに注意．

**証明**

$$L_X\theta = (d\iota_X+\iota_X d)\theta = d\iota_X\theta$$

であるから，

$$X\in\mathcal{T}(M,\theta) \Longleftrightarrow \iota_X\theta\in\Gamma(M, d\mathcal{F})$$

であることがわかる．よって，前半が証明された．

一般に，$\omega_1, \omega_2$ が閉1次形式であるとき，

$$\begin{aligned}\{\omega_1, \omega_2\} &= -\iota_{[H\omega_1, H\omega_2]}\theta \\ &= -(L_{H\omega_1}\iota_{H\omega_2}-\iota_{H\omega_2}L_{H\omega_1})\theta \\ &= L_{H\omega_1}\omega_2+\iota_{H\omega_2}(d\iota_{H\omega_1}+\iota_{H\omega_1}d)\theta \\ &= (d\iota_{H\omega_1}+\iota_{H\omega_1}d)\omega_2-\iota_{H\omega_2}d\omega_1 \\ &= d\iota_{H\omega_1}\omega_2 \\ &= -d\iota_{H\omega_1}\iota_{H\omega_2}\theta\end{aligned}$$

となるから，

$$H^{-1}[X, Y] = -\iota_{[X,Y]}\theta = -d\iota_X\iota_Y\theta \text{ である．} \blacksquare$$

さて，$U$ を $M$ の開集合とすれば，$\mathcal{F}(U)$ の元 $f, g$ に対して，上の計算から

$$\{df, dg\} = -d\iota_{Hdf}\iota_{Hdg}\theta = dHdf(g)$$

を得る．そこで，

(2.5) $$\{f, g\} = Hdf(g) \quad (=\theta(Hdf, Hdg))$$

と定め，これも $f$ と $g$ の **Poisson 括弧式**という．また，$Hdf$ を単に $H_f$ と書いて，$f$ の **Hamilton ベクトル場**という．定理1.8と定理2.2によって，無限小シンプレクティック変換はすべて，局所的にある関数の Hamilton ベクトル場の形に表わせることがわかる．

**定理 2.3** シンプレクティック多様体 $(M,\theta)$ 上の関数 $f$ が $M$ の各点 $p$ で $df_p\neq0$ となるとする．実数 $c$ で決まる $M$ の部分多様体 $\{p\in M\mid f(p)=c\}$ を $V_c$ とおく．このとき $V_c$ の点 $q$ に対し $(H_f)_q$ を対応させる写像は $V_c$ 上のベクトル場を定めるので，それを $\bar{H}_f$ とおくと，$\bar{H}_f$ は $\theta|_{V_c}$ の特性系の基底になる．

**証明** $(H_f)_q(f)=(-\iota_{Hdf}\iota_{Hdf}\theta)_q=0$ から $(H_f)_q\in(df)_q{}^{\perp}=T_qV_c$ がわかり，$\bar{H}_f$

が定義できる．$T_q V_c$ における $(\theta|_{V_c})_q$ の階数は $2(n-1)$ であるから（補題1.3を見よ），その特性系は1次元微分式系となる．

$$\iota_{H_f}(\theta|_{V_c}) = (\iota_{H_f}\theta)|_{V_c} = -df|_{V_c} = 0$$

であり，定理2.2から $(H_f)_q \neq 0$ がわかるので，$\bar{H}_f$ は $\theta|_{V_c}$ の特性系の基底となる．∎

Poisson の括弧式 $\{f, g\}$ は次のような表現をすることもできる：

$$\{f, g\}\theta^n = ndf \wedge dg \wedge \theta^{n-1}. \tag{2.6}$$

実際，

$$(\iota_{H_f}dg) \wedge \theta^n - dg \wedge \iota_{H_f}\theta^n = \iota_{H_f}(dg \wedge \theta^n) = 0$$

であるから，

$$\begin{aligned}\{f, g\}\theta^n &= (H_f(g))\theta^n \\ &= dg \wedge \iota_{H_f}\theta^n \\ &= dg \wedge \sum_{i=1}^{n} \theta^{i-1} \wedge \iota_{H_f}\theta \wedge \theta^{n-i} \\ &= ndf \wedge dg \wedge \theta^{n-1}\end{aligned}$$

となる．

適当な局所座標系 $(\xi, x) = (\xi_1, \cdots, \xi_n, x_1, \cdots, x_n)$ を選ぶと $\theta = \sum_{i=1}^{n} d\xi_i \wedge dx_i$ と表わせることはすでに述べた通りである．$\theta$ がこのように表わせるとき，座標系 $(\xi, x)$ を**正準座標系**という．そのとき，$Hd\xi_i = \partial/\partial x_i$，$Hdx_i = -\partial/\partial \xi_i$ であるから，$\mathcal{F}(U)$ の元 $f, g$ に対し

$$\{f, g\} = \sum_{i=1}^{n} \left(\frac{\partial f}{\partial \xi_i}\frac{\partial g}{\partial x_i} - \frac{\partial f}{\partial x_i}\frac{\partial g}{\partial \xi_i}\right) \tag{2.7}$$

となる．

**定理 2.4** $2n$ 次元シンプレクティック多様体 $M$ に，正準座標系 $(\xi, x)$ をとる．$M$ 上の座標変換 $(\xi, x) \mapsto (\eta, y)$ がシンプレクティック変換であるためには，次のそれぞれが必要十分条件である．

（i） 変換 $(\xi, x) \mapsto (\eta, y)$ の関数行列を $A(\xi, x)$ とおいたとき，

$$AJ\,{}^tA = J, \quad ただし \quad J = \begin{bmatrix} O & I_n \\ -I_n & O \end{bmatrix}.$$

（ii） $\eta_i, y_j$ をそれぞれ $(\xi, x)$ の関数とみなして Poisson の括弧式をとったと

き

$$\begin{matrix} \{\eta_i, \eta_j\} = \{y_i, y_j\} = 0 \\ \{\eta_i, y_j\} = \delta_{ij} \end{matrix} \qquad (i, j=1, \cdots, m).$$

(iii) $\theta'=\sum_{i=1}^{n} d\eta_i \wedge dy_i$ によって新たに $M$ にシンプレクティック構造を入れたときの Poisson の括弧式を $\{\ ,\ \}'$ とするとき，

$$\{f, g\}' = \{f, g\} \qquad (f, g \in \mathcal{F}(M)).$$

**証明**　$(d\eta, dy)=(d\eta_1, \cdots, d\eta_n, dy_1, \cdots, dy_n)$ のように略記しベクトル記法を用いると

$$(d\eta, dy) = (d\xi, dx)A(\xi, x)$$

であるから，

$$\begin{aligned} 2\sum_{i=1}^{n} d\eta_i \wedge dy_i &= (d\eta, dy) \wedge J^t(d\eta, dy) \\ &= (d\xi, dx)A(\xi, x) \wedge J^tA(\xi, x)^t(d\xi, dx) \end{aligned}$$

となる．したがって

$$\sum_{i=1}^{n} d\eta_i \wedge dy_i = \sum_{i=1}^{n} d\xi_i \wedge dx_i \iff AJ^tA = J$$

であるから (i) がわかった．

さて，$\theta'$ によるシンプレクティック構造が $\theta$ のそれと同じであるためには，$\theta'$ に対応する $H'$ と $\theta$ に対応する $H$ とが等しいことが必要十分である．さらにそれは

$$Hd\eta_i = \partial/\partial y_i, \qquad Hdy_i = -\partial/\partial\eta_i \qquad (i=1, \cdots, n)$$

が成立することと同等である．よって，(ii), (iii) は明らか．∎

**例 2.3**　シンプレクティック多様体の例をもう一つ挙げておく．$W$ を $\boldsymbol{R}$ 上の $n$ 次元ベクトル空間とする．このとき，$T^*W$ は $W\times W^*$ と同一視される．$W^*$ は $W$ の双対空間である．$T^*W$ の線型シンプレクティック変換は，定理 2.4 から，**シンプレクティック群**

$$Sp(n, \boldsymbol{R}) = \{A \in GL(n, \boldsymbol{R}) \mid AJ^tA=J\}$$

の元となることがわかる．これは，歪対称な内積

$$\langle(x_1, \cdots, x_n, \xi_1, \cdots, \xi_n), (x_1', \cdots, x_n', \xi_1', \cdots, \xi_n')\rangle = \sum_{i=1}^{n} (x_i'\xi_i - x_i\xi_i')$$

を不変にする線型変換全体である.

一般に，$2n$ 次元シンプレクティック・ベクトル空間$(V,\langle\ ,\ \rangle)$にはシンプレクティック基底が存在したから $V$ は $T^*W=W\times W^*$ と同型な線型シンプレクティック多様体とみなせる.

$(M,\theta)$がシンプレクティック多様体であるということは，接空間の言葉でいえば，$M$ の各点 $p$ で$(T_pM,\theta_p)$がシンプレクティック・ベクトル空間となること，またシンプレクティック変換とは，それにより接空間にひきおこされる変換がその歪対称な内積を変えない写像のことに他ならない. ——

**定義 2.3** $2n+1$ 次元多様体 $M$ と，その余接バンドル $T^*M$ の部分集合 $\mathscr{L}^*=\bigcup_{p\in M}\mathscr{L}_p^*$ $(\mathscr{L}_p^*\subset T_p^*M)$ で次の条件を満たすものが与えられたとき，$(M,\mathscr{L}^*)$ を**接触多様体**，$\mathscr{L}^*$ をその**接触構造**という.

$M$ の各点 $p$ に対し，$p$ のある近傍 $U$ で定義された類数 $2n+1$ の Pfaff 形式 $\omega$ が存在して，$U$ の各点 $q$ で

$$\mathscr{L}_q^*=\{\lambda\omega_q\mid\lambda\in\boldsymbol{R}_+=(0,\infty)\}$$

と表わせる.

このとき，$\omega$ をその接触多様体の**基本 1 次形式**という.

$2n+1$ 次元多様体 $M$ の開被覆 $\{U_\lambda\}_{\lambda\in\Lambda}$ と，$U_\lambda$ 上の類数 $2n+1$ の Pfaff 形式 $\omega_\lambda$ が与えられていて，$U_\lambda\cap U_\mu$ 上 $\omega_\lambda=c_\lambda{}^\mu\omega_\mu$ がある $\boldsymbol{R}_+$ 値関数 $c_\lambda{}^\mu$ をもって成立するとき，$\omega_\lambda$ を基本 1 次形式とする接触構造 $\mathscr{L}^*$ が $M$ にただ一つ入る. よって，この$(M,\{\omega_\lambda\}_{\lambda\in\Lambda})$を接触多様体と考えてもよい.

ただし，この定義において，$M$ が複素多様体のときは，$\boldsymbol{R}_+$ を $\boldsymbol{C}^\times=\boldsymbol{C}-\{0\}$ で置き換える. ——

**例 2.4** $2m+1$ 次元球面 $S^{2m+1}$ には接触構造が入る. それは，例 1.1 で定義した $\omega'$ を基本 1 次形式にとればよい.

**例 2.5** $N$ を $n+1$ 次元実多様体とする. ベクトル空間 $T_p^*N$ の零元全体$(p\in N)$から成る $T^*N$ の部分多様体を $T^*N$ の**零切片**という. それは $N$ と同型な多様体であるから，$N$ と同一視する. $T_p^*N$ はベクトル空間であるから，自然に $T^*N$ には実数をかける作用が存在する. $T^*N$ からその零切片を引き去ったものを，$\boldsymbol{R}_+$ の作用によって定義される同値関係で割ってできる多様体を $N$ の**余接球バンドル**といい，$S^*N$ と表わす. すなわち，

$$S^*N = (T^*N - N)/\boldsymbol{R}_+.$$

この $S^*N$ には自然に接触構造 $\mathcal{L}^*$ が入る．

まず，例2.1で述べたように，$T^*N$ には自然な Pfaff 形式 $\omega=\sum_{i=0}^{n}\xi_i dx_i$ が定義されていることに注意する．$(x_0, \cdots, x_n)$ は $N$ の局所座標系である．

$$\tau\colon\ T^*N - N \longrightarrow S^*N$$

を自然な射影，$q$ を $S^*N$ の点とするとき

$$\mathcal{L}_q{}^* = \{(s^*\omega)_q \mid s \text{ は } q \text{ の近傍から } T^*N-N \text{ の中への微分同相写像で,}\ \tau\circ s \text{ が恒等写像となる}\}$$

によって，$\mathcal{L}^* = \bigcup_{q\in S^*N}\mathcal{L}_q{}^*$ が定義される．

$T^*N-N$ の局所座標系 $(\xi_0, \cdots, \xi_n, x_1, \cdots, x_n)$ を用いれば，$\xi_0 \neq 0$ なる点の近傍に対応する $S^*M$ の局所座標系を

$$p_1 = -\xi_1/\xi_0,\quad \cdots,\quad p_n = -\xi_n/\xi_0,\qquad z = x_0,\ x_1,\ \cdots,\ x_n$$

にとることができる．このとき，基本1次形式 $\omega$ は，$\boldsymbol{R}_+$ 値関数 $c$ をもって

$$\omega = c(dz - p_1 dx_1 - \cdots - p_n dx_n)$$

と表わせる．

$N$ が複素多様体の場合には，0でない複素数全体 $\boldsymbol{C}^\times$ による作用で割ってできる**余接射影バンドル**

$$P^*N = (T^*N - N)/\boldsymbol{C}^\times$$

が同様の性質をもつ．

定理1.9は，接触多様体が局所的には $S^*N$(または，$P^*N$)の形のものと同型になることを保証している．そこで，以下の具体例として，これらを念頭において読むとよい．——

**定義 2.4**　同次元の接触多様体 $(M, \mathcal{L}^*)$ と $(M', \mathcal{L}^{*\prime})$ 間の写像 $f\colon M\to M'$ が $f^*\mathcal{L}^{*\prime} = \mathcal{L}^*$ を満たすとき，$f$ は**接触変換**であるという．

また，$\mathcal{T}(M, \mathcal{L}^*) = \{X\in\mathcal{X}(M) \mid L_X\omega = c\omega,\ \omega \text{ は基本1次形式},\ c \text{ はある関数}\}$ とおいて，この元を $M$ 上の**無限小接触変換**と呼ぶ．無限小接触変換から生成される局所1パラメータ変換群による変換が接触変換になることは，シンプレクティック変換の場合と同様である．(章末の問題1)　——

**注意**　$2n+1$ 次元接触多様体 $M$ の基本1次形式 $\omega$ から作った $2n+1$ 次微分形式 $\omega^{(2n+1)}$ は $M$ の各点で消えない．$f\colon M'\to M$ が接触変換であるということは，$f^*\omega$ が $M'$ の基本

1次形式となることと言い換えられるから，接触変換は，シンプレクティック変換の場合と同様，やはり局所微分同相写像になる．

さて，接触多様体 $M$ には自然に一つのシンプレクティック多様体が同伴している．それは，シンプレクティック多様体 $T^*N-N$ と接触多様体 $S^*N$ の関係に対応している．この事情を説明しよう．

いま，$\mathcal{L}^*$ を $T^*M$ の $2n+2$ 次元部分多様体とみて，それを $\hat{M}$ と書くことにする．$\hat{M}$ の各点 $\hat{q}$ は一つの余接ベクトルを表わしているので，自然な射影 $\tau:\hat{M}\to M$ に対し

$$\hat{\omega}_{\hat{q}}(\hat{v}) = \hat{q}(d\tau_{\hat{q}}(\hat{v})) \qquad (\hat{v}\in T_{\hat{q}}{}^*\hat{M})$$

によって $\hat{M}$ 上に Pfaff 形式 $\hat{\omega}$ を定義することができる．$\theta=d\hat{\omega}$ とおけば，$(\hat{M}, \theta)$ は $2n+2$ 次元のシンプレクティック多様体となることがわかる．これを $(M, \mathcal{L}^*)$ に**同伴したシンプレクティック多様体**という．

$\theta^{n+1}$ が $\hat{M}$ の各点で消えないことは以下のようにしてわかる．$M$ の点 $q$ の近傍での基本1次形式 $\omega$ は，類数が $2n+1$ であるから，適当な局所座標系 $(p_1, \cdots, p_n, z, x_1, \cdots, x_n)$ をとれば

$$\omega = dz-p_1dx_1-\cdots-p_ndx_n$$

と表わせる．このような $(p_1, \cdots, p_n, z, x_1, \cdots, x_n)$ を接触多様体 $M$ の**正準座標系**という．$\hat{M}$ の各点は $\xi_0\omega_q$ $(\xi_0\in \boldsymbol{R}_+,\ q\in M)$ と表わせるので，$\hat{M}$ の局所座標系として

$$\xi_0,\ \xi_1 = -\xi_0p_1,\ \cdots,\ \xi_n = -\xi_0p_n,\ x_0 = z,\ x_1,\ \cdots,\ x_n$$

を用いれば，

$$\hat{\omega} = \xi_0dx_0+\xi_1dx_1+\cdots+\xi_ndx_n,$$
$$\theta = d\hat{\omega} = d\xi_0\wedge dx_0+d\xi_1\wedge dx_1+\cdots+d\xi_n\wedge dx_n$$

となる．よって $\theta$ は $\hat{M}$ にシンプレクティック構造を与える．ここにとった $\hat{M}$ の座標系 $(\xi, x)$ は，$\xi$ に関するスカラー倍で移るものを同一視することにより，$M$ の局所座標系にも用いられる．これを**斉次正準座標系**という．

$\mathcal{L}^*$ には正の実数 $c$ がスカラー倍として作用しているので $\hat{M}$ も同様であって，それによる写像を $f_c:\hat{M}\to\hat{M}$ と表わす．ある実数 $r$ に対し，$\hat{M}$ 上の微分形式 $\Theta$ が，

$$f_c{}^*\Theta_{f_c(\hat{q})} = c^r\Theta_{\hat{q}} \qquad (\hat{q}\in\hat{M}) \tag{2.8}$$

を満たすとき，$\Theta$ は**斉次 $r$ 次**であるという．

**補題 2.1** $\Theta$ が斉次 $r$ 次であることの必要十分条件は

(2.8)′ $$L_{H\hat{\omega}}\Theta = -r\Theta$$

となることである．ただし，$\hat{\omega}$ はシンプレクティック多様体 $(\hat{M}, \theta)$ 上に自然に定義される Pfaff 形式である．

**証明** 座標系 $(\xi, x)$ を用いれば，$H\hat{\omega} = -\sum_{i=0}^{n}\xi_i\partial/\partial\xi_i$ となるので，$(\xi_0, p_1, \cdots, p_n, x_0, \cdots, x_n)$ という座標系では，$H\hat{\omega} = -\xi_0\partial/\partial\xi_0$ となる．

$$\Theta = \sum_{\substack{1\leqq i_1<\cdots<i_k\leqq n\\ 0\leqq j_1<\cdots<j_l\leqq n}} (\xi_0{}^r a_{i_1\cdots i_k j_1\cdots j_l} + \xi_0{}^{r-1} b_{i_1\cdots i_k j_1\cdots j_l} d\xi_0) \wedge dp_{i_1} \wedge \cdots \wedge dp_{i_k}$$
$$\wedge dx_{j_1} \wedge \cdots \wedge dx_{j_l} \qquad (a_{i_1\cdots i_k j_1\cdots j_l}, b_{i_1\cdots i_k j_1\cdots j_l} \in \mathcal{F}(\hat{M}))$$

と表わせば，(2.8)′ が成立するための必要十分条件は，$a_{i_1\cdots}$ と $b_{i_1\cdots}$ が $p_1, \cdots, p_n, x_0, \cdots, x_n$ にしか依らない関数であることがわかる．これは (2.8) と同値である．∎

$\hat{M}$ 上の斉次 $r$ 次の関数全体を $\mathcal{L}_r(M)$ とおく．$\mathcal{F}(M)$ の元 $\varphi$ に対し $\mathcal{F}(\hat{M})$ の元 $\varphi\circ\tau$ を考えることにより，$\mathcal{F}(M)$ と $\mathcal{L}_0(M)$ を同一視することができる．そこで，座標関数 $\xi_0$ を用いることにより，$\mathcal{L}_r(\hat{M})$ の元 $f$ は $\mathcal{F}(M)$ の元 $\varphi$ によって $f = \xi_0{}^r\varphi$ と表わせる．

シンプレクティック多様体 $(\hat{M}, \theta)$ 上には Poisson の括弧式が定義されている．いま $f, g$ がそれぞれ $r$ 次，$s$ 次斉次関数であるとする．$\theta$ は斉次 1 次であるので，

$$L_{H\hat{\omega}}(\{f, g\}\theta^{n+1}) = (L_{H\hat{\omega}}\{f, g\})\theta^{n+1} + (n+1)\{f, g\}\theta^{n+1},$$
$$L_{H\hat{\omega}}((n+1)df \wedge dg \wedge \theta^n) = (r+s+n)(n+1)df \wedge dg \wedge \theta^n$$
$$= (r+s+n)\{f, g\}\theta^{n+1}$$

となり，$\{f, g\}$ は斉次 $r+s-1$ 次である ((2.6) を見よ)．よって，Poisson の括弧式は

$$\begin{array}{ccc} \mathcal{L}_r(M) \times \mathcal{L}_s(M) & \longrightarrow & \mathcal{L}_{r+s-1}(M) \\ \text{\rotatebox{90}{$\in$}} & & \text{\rotatebox{90}{$\in$}} \\ (f, g) & \longmapsto & \{f, g\} \end{array}$$

という写像を定める．さて，

$$f = \xi_0{}^r\varphi, \qquad g = \xi_0{}^s\psi \qquad (\varphi, \psi \in \mathcal{F}(M))$$

と表わしたとき，

(2.9) $$\{f, g\} = \xi_0{}^{r+s-1}[\varphi, \psi]$$

によって，$\mathscr{F}(M)$ の元 $\varphi, \psi$ に対する **Lagrange の括弧式** $[\varphi, \psi]$ を定義する．狭い意味では，$r=s=0$ の場合のみを Lagrange の括弧式という．

座標関数 $\xi_0$ は基本1次形式 $\omega$ を与えることにより定まる．よって，Lagrange の括弧式は，$r$ と $s$ と基本1次形式を決めたときに定まる概念であることに注意しよう．

基本1次形式 $\omega$ に対応する正準座標系 $(p, z, x)$ および斉次正準座標系 $(\xi, x)$ によって，

$$f = \xi_0{}^r\varphi(p, z, x), \qquad g = \xi_0{}^s\psi(p, z, x)$$

と表わしたとき，Lagrange の括弧式は

$$(2.10)\qquad [\varphi, \psi] = r\varphi\frac{\partial\psi}{\partial z} - s\psi\frac{\partial\varphi}{\partial z} + \sum_{i=1}^{n}\left(\frac{\partial\varphi}{\partial x_i} + p_i\frac{\partial\varphi}{\partial z}\right)\frac{\partial\psi}{\partial p_i} - \sum_{i=1}^{n}\left(\frac{\partial\psi}{\partial x_i} + p_i\frac{\partial\psi}{\partial z}\right)\frac{\partial\varphi}{\partial p_i}$$

と表現される．実際それは，$\hat{M}$ の座標変換 $(\xi_0, \cdots, \xi_n, x_0, \cdots, x_n) \to (\xi_0, p_1, \cdots, p_n, z, x_1, \cdots, x_n)$ により，$\partial/\partial\xi_0 \to \partial/\partial\xi_0 - \sum_{i=1}^{n}\xi_0{}^{-1}p_i\partial/\partial p_i$，$\partial/\partial\xi_j \to -\xi_0{}^{-1}\partial/\partial p_j$，$\partial/\partial x_0 \to \partial/\partial z$，$\partial/\partial x_j \to \partial/\partial x_j$ $(j=1, \cdots, n)$ と対応することからわかる．

多くの場合，Lagrange の括弧式は狭い意味で用いる．そのとき，等式

$$\begin{aligned}
[[\varphi_1, \varphi_2], \varphi_3] &= \xi_0\{\xi_0\{\varphi_1, \varphi_2\}, \varphi_3\} \\
&= \xi_0\{\xi_0, \varphi_3\}\{\varphi_1, \varphi_2\} + \xi_0{}^2\{\{\varphi_1, \varphi_2\}, \varphi_3\} \\
&= [\varphi_1, \varphi_2]\frac{\partial\varphi_3}{\partial z} + \xi_0{}^2\{\{\varphi_1, \varphi_2\}, \varphi_3\}
\end{aligned}$$

の添字をとりかえたものを加えて，Jacobi の恒等式を用いると，

$$(2.11)\qquad \begin{aligned}
&[[\varphi_1, \varphi_2], \varphi_3] + [[\varphi_2, \varphi_3], \varphi_1] + [[\varphi_3, \varphi_1], \varphi_2] \\
&\quad = [\varphi_1, \varphi_2]\frac{\partial\varphi_3}{\partial z} + [\varphi_2, \varphi_3]\frac{\partial\varphi_1}{\partial z} + [\varphi_3, \varphi_1]\frac{\partial\varphi_2}{\partial z}
\end{aligned}$$

を得る．これを

$$[[\varphi_1, \varphi_2], \varphi_3] = [\varphi_1, [\varphi_2, \varphi_3]] - [\varphi_2, [\varphi_1, \varphi_3]] + \frac{\partial\varphi_1}{\partial z}[\varphi_2, \varphi_3] - \frac{\partial\varphi_2}{\partial z}[\varphi_1, \varphi_3] + [\varphi_1, \varphi_2]\frac{\partial\varphi_3}{\partial z}$$

と書きなおし，$[\varphi, \cdot]$ の定めるベクトル場を $H_\varphi$ と表わすことにすれば，

$$H_{[\varphi,\psi]} = [H_\varphi, H_\psi] + \frac{\partial\varphi}{\partial z}H_\psi - \frac{\partial\psi}{\partial z}H_\varphi + [\varphi, \psi]\partial/\partial z \tag{2.12}$$

が得られる((2.15)と比較せよ).

**定理 2.4′**　$M$ と $M'$ を同次元の接触多様体とする．接触変換 $f: M\to M'$ に対し，次の変換が1対1に対応する.

(i)　$\hat{f}: \hat{M}\to\hat{M}'$ というシンプレクティック変換で，スカラー倍の作用と可換な(すなわち，$\hat{f}\circ f_c = f_c'\circ\hat{f}$ となる)もの．これは次のように言ってもよい．$M$ と $M'$ の斉次正準座標系 $(\xi, x)$ と $(\xi', x')$ を用いる．$\hat{M}$ 上の斉次1次関数 $\xi_i'(\xi, x)$ と斉次0次関数 $x_i'(\xi, x)$ が存在して $(i=0, \cdots, n)$，$(\xi, x)\mapsto(\xi'(\xi, x), x'(\xi, x))$ が $\hat{M}$ から $\hat{M}'$ へのシンプレクティック変換を与えるもの．この座標変換を，**斉次シンプレクティック変換**という.

(ii)　$\hat{f}: \hat{M}\to\hat{M}'$ という変換で，$\theta = d\hat{\omega}$ のみならず，$\hat{\omega}$ 自身を不変にするもの，すなわち，$\hat{f}^*\hat{\omega}' = \hat{\omega}$ となるもの.

座標を用いれば，$M$ の正準座標系 $(p, z, x)$ に対して $M$ 上の座標変換 $(p, z, x)\to(p', z', x')$ が接触変換であるための必要十分条件は，ある $\boldsymbol{R}_+$ 値の関数 $\rho$ が存在して，$\omega' = dz' - p_1'dx_1' - \cdots - p_n'dx_n'$ に対応する狭い意味の Lagrange の括弧式を $[\ ,\ ]'$ とすれば

$$\rho[\varphi, \psi] = [\varphi, \psi]' \qquad (\varphi, \psi \in \mathcal{F}(M)) \tag{2.13}$$

が成立することである．このとき，$\omega = \rho\omega'$ である.

**証明**　接触変換 $f$ から (i), (ii) の変換 $\hat{f}$ がひきおこされることは，$\hat{M}$ の定義から明らかである.

さて，シンプレクティック変換 $\hat{f}: \hat{M}\to\hat{M}'$ を正準座標系を用いて $(\xi, x)\to(\xi'(\xi, x), x'(\xi, x))$ と表わす．$\hat{\omega} = \sum_{i=0}^n \xi_i dx_i$，$\hat{\omega}' = \sum_{i=0}^n \xi_i' dx_i'$ となるので

$$\begin{aligned}
\text{(i)} &\iff H\hat{\omega}(\xi_i') = -\xi_i', \quad H\hat{\omega}(x_i') = 0 && (i=0, 1, \cdots, n)\\
&\iff (H\hat{\omega} - H\hat{\omega}')\xi_i' = 0, \quad (H\hat{\omega} - H\hat{\omega}')x_i' = 0 && (i=0, 1, \cdots, n)\\
&\iff H(\hat{\omega} - \hat{\omega}') = 0\\
&\iff \hat{\omega} = \hat{\omega}'\\
&\iff \text{(ii)}.
\end{aligned}$$

一方，(i) と (ii) の両方の性質をもつ $\hat{f}$ はある接触変換 $f: M \to M'$ からひきおこされたものに対応していることは明らかである．よって前半は証明された．

また，$(p, x, z) \to (p', x', z')$ が接触変換なら，$dz - \sum_{i=1}^{n} p_i dx_i = \rho\left(dz' - \sum_{i=1}^{n} p_i' dx_i'\right)$ が $\boldsymbol{R}_+$ 値関数 $\rho$ をもって成立すること，および $\omega$ に対応する狭義の Lagrange の括弧式 $[\ ,\ ]$ は，$\omega$ を $\rho^{-1}\omega$ に変えると $\rho[\ ,\ ]$ に変化すること，の二つに注意すれば，$\rho[\ ,\ ] = [\ ,\ ]'$ となるのは明らか．

逆に $\rho[\ ,\ ] = [\ ,\ ]'$ が成立するなら，$\omega$ をとりかえて $\rho = 1$ と仮定してよい．このとき，変換 $\hat{f}: \hat{M} \to \hat{M}'$ を，$\xi_0 = \xi_0'$，$(p, z, x) \to (p', z', x')$ により定義する．すると $[\ ,\ ]$ の定義から，定理 2.4 (ii) の条件が満たされ，$\hat{f}$ がシンプレクティック変換であることがわかる．したがって，定理 2.4′ の (i) の条件が満たされ，$(p, z, x) \to (p', z', x')$ が接触変換であることがわかる．∎

$f$ を $\hat{M}$ 上の斉次 1 次関数とすると $H_f$ は $\hat{M}$ 上の Hamilton ベクトル場となる．自然な射影 $\tau: \hat{M} \to M$ と $M$ の点 $q$ に対し，$\tau^{-1}(q)$ の任意の点 $\hat{q}$ をとる．$\varphi$ を $M$ 上の関数とすれば，

$$d\tau_{\hat{q}}(H_f)_{\hat{q}}(\varphi) = \{f, \varphi\circ\tau\}(\hat{q})$$

となるが，$\{f, \varphi\circ\tau\}$ は斉次 0 次だからこの値は $q$ によって定まり $\hat{q}$ の選び方によらない．したがって，$q \mapsto d\tau_{\hat{q}}(H_f)_{\hat{q}}$ によって $M$ 上のベクトル場が定まるが，それも $H_f$ と表わし，$f$ に対し $H_f$ を対応させる写像を $H$ と書く．

**定理 2.2′**　$H$ により，次の同型写像

$$H: \mathscr{L}_1(M) \xrightarrow{\sim} \mathscr{T}(M, \mathscr{L}^*) \tag{2.14}$$

がひきおこされる．さらに，斉次 1 次関数 $f, g$ に対し

$$H_{\{f,g\}} = [H_f, H_g] \tag{2.15}$$

が成立する．

**証明**　$\omega$ を基本 1 次形式とすると $\hat{M}$ の点は $\xi_0\omega_q$ と表わせる．このとき，

$$\begin{array}{rcl} \Phi:\ \mathscr{T}(M, \mathscr{L}^*) & \longrightarrow & \mathscr{L}_1(M) \\ \rotatebox{90}{$\in$} & & \rotatebox{90}{$\in$} \\ X & \longmapsto & (\xi_0\omega_q \mapsto \xi_0\omega_q(X_q) \text{ で定義される } \hat{M} \text{ 上の斉次 1 次関数}) \end{array}$$

が $H$ の逆写像を定義していることを示す．

正準座標系を用いて $f = \xi_0\varphi(p, z, x)$ と表わすと

$$H_f = \{f, \cdot\} = \left(\varphi - \sum_{i=1}^{n} p_i \frac{\partial\varphi}{\partial p_i}\right)\partial/\partial z - \sum_{i=1}^{n} \frac{\partial\varphi}{\partial p_i}\partial/\partial x_i + \sum_{i=1}^{n}\left(\frac{\partial\varphi}{\partial x_i} + p_i\frac{\partial\varphi}{\partial z}\right)\partial/\partial p_i$$

となるから，

$$\iota_{H_f}\omega = \varphi - \sum_{i=1}^{n} p_i \frac{\partial\varphi}{\partial p_i} + \sum_{i=1}^{n} p_i \frac{\partial\varphi}{\partial p_i} = \varphi,$$

$$\begin{aligned} L_{H_f}\omega &= \iota_{H_f}d\omega + d\iota_{H_f}\omega \\ &= -\sum_{i=1}^{n}\frac{\partial\varphi}{\partial p_i}dp_i - \sum_{i=1}^{n}\left(\frac{\partial\varphi}{\partial x_i}+p_i\frac{\partial\varphi}{\partial z}\right)dx_i + d\varphi \\ &= \frac{\partial\varphi}{\partial z}\omega \end{aligned}$$

となり，$H$ は $\mathcal{T}(M,\mathcal{L}^*)$ への写像である．(2.15) が成立することは，Poisson の括弧式と Lagrange の括弧式の定義から明らかである．さらに，

$$\xi_0\omega(H_f) = \iota_{H_f}(\xi_0\omega) = \xi_0\varphi$$

であるから $\Phi\circ H$ は恒等写像となる．あとは，$\Phi$ が単射であることを示せばよい．

$X\in\mathcal{T}(M,\mathcal{L}^*)$，$\Phi(X)=0$ とする．$\omega(X)=0$ であるから，

$$L_X\omega = \iota_X d\omega + d\iota_X\omega = \iota_X d\omega$$

となる．一方，$X\in\mathcal{T}(M,\mathcal{L}^*)$ であるから，

$$L_X\omega = c\omega$$

となる関数 $c$ が存在する．$M$ の点 $q$ と任意の $\omega_q{}^\perp(\subset T_qM)$ の元 $v$ に対して

$$d\omega_q(X_q, v) = \iota_v\iota_{X_q}d\omega_q = c(q)\iota_v\omega_q = 0$$

となる．ところが，$d\omega_q$ は $\omega_q{}^\perp$ 上の非退化歪対称2次形式だから，これは $X_q=0$ を意味し，$X=0$ となる．▌

**定理 2.3′**　接触多様体 $(M,\omega)$ 上の（斉次0次）関数 $\varphi$ が与えられていて，$M$ 上の各点で $d\varphi_q$ と $\omega_q$ は1次独立とする．このとき，$V_c=\{q\in M\mid\varphi(q)=c\}$ とおくと，$V_c\ni q\mapsto(H_\varphi)_q$ は $V_c$ 上のベクトル場を定める．それを $\bar{H}_\varphi$ と表わすと，$\bar{H}_\varphi$ は $\omega|_{V_c}$ の特性系の基底となる．

**証明**　$q\in V_c$ が原点に対応する正準座標系を用いよう．$d\varphi_q$ と $\omega_q=(dz)_q$ が1次独立だから

$$(\omega|_{V_c})_q \neq 0, \qquad (H_\varphi)_q = \sum_{i=1}^{n}\left(\frac{\partial\varphi}{\partial x_i}\partial/\partial p_i - \frac{\partial\varphi}{\partial p_i}\partial/\partial x_i\right)_q \neq 0$$

である．$\omega_q{}^\perp(\subset T_qM)$ 上の $(d\omega)_q$ の階数は $2n$ だから $\omega_q{}^\perp\cap T_qV_c$ 上に制限すれば，その階数は $2(n-1)$ になる．これは $\omega_q|_{V_c}$ の半類数が $n$ であることを意味し，その特性系の次元は1である．さらに，

$$H_\varphi(\varphi)=0, \qquad (\iota_{H_\varphi}\omega)_q=0, \qquad (\iota_{H_\varphi}d\omega)_q=-d\varphi_q$$

となることに注意すれば，あとは定理 2.3 の証明と同じ. ▮

**例 2.6** 接触変換の基本的な例を挙げておこう．正準座標系 $(p, z, x)$ を用いよう．接触変換 $(p, z, x)\to(p', z', x')$ で特に，$SL(2n, \boldsymbol{R})=\{A\in GL(2n, \boldsymbol{R}) \mid \det A=1\}$ の元 $A$ により

$$(p_1', \cdots, p_n', x_1', \cdots, x_n')=(p_1, \cdots, p_n, x_1, \cdots, x_n)A$$

の形をしているものを考えよう．定理 2.4′ の後半と (2.10) から，(2.13) の $\rho$ は定数値関数であることがわかる（$[p_1', x_1']$ を考えよ）．よって，$\sum_{i=1}^n dp_i\wedge dx_i=\rho\sum_{i=1}^n dp_i'\wedge dx_i'$ である．両辺の $n$ 個の外積をとることにより，変換 $(p, x)\mapsto(p', x')$ の関数行列式は $\rho^{-n}$ となることがわかるが，それは $A$ の行列式に等しいから $\rho=1$ である．したがって，$(p_1, \cdots, p_n, x_1, \cdots, x_n)$ のある斉次 2 次多項式 $Q$ により

$$\sum_{i=1}^n p_i'dx_i'=\sum_{i=1}^n p_idx_i+dQ$$

と書ける（定理 1.8）．そのとき，$dz-\sum_{i=1}^n p_idx_i=d(z+Q)-\sum_{i=1}^n p_i'dx_i'$ となるので，$z'=z+Q(p, x)$ と定義すれば接触変換が得られる．この変換を**放物型変換**と呼ぶ．

放物型変換のうち，特に $K\subset\{1, \cdots, n\}$ に対し

$$x_i'=\begin{cases} x_i & (i\notin K \text{ のとき}), \\ p_i & (i\in K \text{ のとき}), \end{cases} \qquad p_i'=\begin{cases} p_i & (i\notin K \text{ のとき}), \\ -x_i & (i\in K \text{ のとき}), \end{cases}$$

$$z'=z-\sum_{i\in K}p_ix_i$$

で与えられる変換を**基本接触変換**といい，さらに $K=\{1, \cdots, n\}$ の場合は **Legendre 変換**という．——

## §2.2 Lagrange 多様体

シンプレクティック多様体の部分多様体で最も重要なものは，その基本 2 次形式の最大次元積分多様体，すなわち Lagrange 多様体である．たとえば，シンプレクティック変換 $g: M\to M'$ のグラフ $G$ は，シンプレクティック多様体 $M\times M'$ の Lagrange 多様体となる．したがって，シンプレクティック変換を調べるには，Lagrange 多様体の構造を調べればよいことになる．接触多様体の場合も事情は同様である．

**定義 2.5**　$2n$ 次元シンプレクティック多様体 $(M, \theta)$ に対し，その部分多様体 $N$ が**等方的**とは，それが $\theta$ の積分多様体(すなわち，$\theta|_N=0$) となることをいう．また，$N$ が**包合的**とは，$N$ 上で恒等的に 0 になる関数全体が Poisson の括弧式に関し閉じている(すなわち，関数 $f, g$ が $f|_N=g|_N=0$ を満たせば $\{f, g\}|_N=0$ となる) ときをいう．

$2n$ 次元シンプレクティック・ベクトル空間 $(V, \langle\ ,\ \rangle)$ に対しても，その線型部分空間 $W$ が**等方的**とは $W^\perp \supset W$ が，**包合的**とは $W^\perp \subset W$ が成立するときをいう．$\dim W + \dim W^\perp = 2n$ となるから，$W$ が等方的なら $\dim W \leqq n$，包合的なら $\dim W \geqq n$ となる．——

**注意**　シンプレクティック多様体 $(M, \theta)$ の部分多様体 $N$ に対して，

$N$ が等方的 $\Leftrightarrow$ $N$ の各点 $p$ に対し，$T_pN$ がシンプレクティック・ベクトル空間 $(T_pM, \theta_p)$ の等方的部分空間．

$N$ が包合的 $\Leftrightarrow$ "$f|_N = g|_N = 0 \Longrightarrow \{f, g\}|_N = Hdf(dg)|_N = 0$"

$\Leftrightarrow$ "$p \in N,\ \ \omega_1, \omega_2 \in T_N{}^*M \cap T_p{}^*M = T_pN^\perp \Longrightarrow H\omega_1(\omega_2) = 0$"

$\Leftrightarrow$ "$p \in N,\ \ \omega \in T_pN^\perp \Longrightarrow H\omega \in T_pN$"

$\Leftrightarrow$ $N$ の各点 $p$ に対し，$T_pN$ がシンプレクティック・ベクトル空間 $(T_pM, \theta_p)$ の包合的部分空間．

したがって特に，$N$ が等方的なら $\dim N \leqq n$，包合的なら $\dim N \geqq n$ となることがわかる．

**定義 2.6**　$2n$ 次元シンプレクティック多様体 $M$ の $n$ 次元等方的部分多様体 $\Lambda$ を **Lagrange 多様体**という．

上の注意より，これは次のようにも述べられる．

$\Lambda$ の各点 $p$ に対し，シンプレクティック・ベクトル空間 $(T_pM, \theta_p)$ の中で，$T_p\Lambda^\perp = T_p\Lambda$ が成立する．(このとき，$T_p\Lambda$ が $T_pM$ の **Lagrange 部分空間**であるという.)　あるいは，$\Lambda$ が $n$ 次元包合的部分多様体であるといってもよいし，$\Lambda$ が等方的かつ包合的な部分多様体であるといってもよい．——

**例 2.7**　$n$ 次元多様体 $N$ とその $r$ 次元部分多様体 $Z$ を考える．余接バンドル $T^*N$ はシンプレクティック多様体であるが，その $n$ 次元部分多様体である余法バンドル $T_Z{}^*N$ (§1.1 を参照せよ) は Lagrange 多様体となる．

$N$ の局所座標系 $(x_1, \cdots, x_n)$ を適当に選んで，$Z = \{x_{r+1} = x_{r+2} = \cdots = x_n = 0\}$ と表わせば $T_Z{}^*N = \{(\xi_1, \cdots, \xi_n, x_1, \cdots, x_n) \in T^*N \mid \xi_1 = \cdots = \xi_r = x_{r+1} = \cdots = x_n = 0\}$

となるから $\theta=\sum_{i=1}^{n} d\xi_i \wedge dx_i$ を余法バンドル $T_Z{}^*N$ に制限したものは 0 である．よって，$T_Z{}^*N$ は $n$ 次元等方的多様体，すなわち Lagrange 多様体である．——

**定理 2.5** $n$ 次元多様体 $N$ の余接バンドル $T^*N$ の点 $p$ を通る Lagrange 多様体 $\Lambda$ に対し，$\pi|_\Lambda$ がサブマーションであれば $p$ の近傍 $U$ と $\pi(U)$ 上の関数 $\varphi(x)$ が存在して

$$\Lambda \cap U = \left\{(\xi, x) \in U \mid \xi_i=\frac{\partial\varphi}{\partial x_i}(x), i=1, \cdots, n\right\}$$

と表わせる．ただし，$\pi: T^*N \to N$ は自然な射影，$x$ は $\pi(U)$ での座標系，$\xi$ はそれに対応する余接成分の座標である．

**証明** 仮定から $(x_1, \cdots, x_n)$ が $\Lambda$ の座標系にとれることがわかる．このとき，$\theta|_\Lambda=\sum_{i=1}^{n} d\xi_i(x) \wedge dx_i=0$ であるから $\partial\xi_i/\partial x_j=\partial\xi_j/\partial x_i$ $(i, j=1, \cdots, n)$．よって，$\Lambda$ 上で $\xi_i(x)=\partial\varphi/\partial x_i$ となるような関数 $\varphi(x)$ が $\pi(p)$ の近傍で存在する（定理 1.7）．∎

Lagrange 多様体は，簡単なシンプレクティック変換によって，すべて定理 2.5 の形に表わせる．すなわち，

**定理 2.6** $M=T^*N$, $(\xi, x)$, $\pi$ は定理 2.5 と同じ意味とする．$M$ の点 $p$ を通る任意の Lagrange 多様体 $\Lambda$ に対し，適当な基本シンプレクティック変換 $f$ が存在し，$\pi|_{f(\Lambda)}$ が $f(p)$ の近傍でサブマーションになる．

**補題 2.2** $(V, \langle\ ,\ \rangle)$ を $2n$ 次元シンプレクティック・ベクトル空間，$\{p_1, \cdots, p_n, q_1, \cdots, q_n\}$ をそのシンプレクティック基底とする．添字の集合 $I, J \subset K=\{1, \cdots, n\}$ に対して $\{p_i, q_j \mid i \in I, j \in J\}$ で張られるベクトル空間を $V_{I,J}$ と表わす．$W$ が余次元 $d$ の包合的線型部分空間で，ある添字の集合 $I, J \subset K$ に対し

$$W \cap V_{I,J} = \{0\}, \qquad I \cap J = \phi, \qquad \#\{I \cup J\} = r$$

であったとする．このとき，$I', J' \subset K$ が存在して

$$W \cap V_{I',J'} = \{0\}, \qquad I' \cap J' = \phi, \qquad \#\{I' \cup J'\} = d,$$
$$I' \supset I, \qquad J' \supset J$$

とできる．ただし，集合 $A$ に対し，$\#A$ は $A$ の元の数を表わす．

**証明** $d$ に関する帰納法を用いる．$d=0$ なら明らか．

$d \geqq 1$ とする．$p_i \notin W$ または $q_i \notin W$ となる添字 $i$ が存在するから，$r \geqq 1$ と仮定してよい．

$$\begin{cases} V' = V_{I,J}{}^{\perp}/V_{I,J} \simeq V_{K-\{I\cup J\},K-\{I\cup J\}}, \\ W' = (W+V_{I,J}) \cap V_{I,J}{}^{\perp}/V_{I,J} \end{cases}$$

とおけば，$V'$ は自然に $2(n-r)$ 次元シンプレクティック・ベクトル空間で，$W'$ はその包合的部分空間となる．次に，$W'$ の余次元を求めよう．

$$W^{\perp} \cap V_{I,J}{}^{\perp} \cap V_{I,J} \subset W \cap V_{I,J}{}^{\perp} \cap V_{I,J} = \{0\}$$

であるから，

$$V = (W^{\perp} \cap V_{I,J}{}^{\perp} \cap V_{I,J})^{\perp} \subset W + V_{I,J} + V_{I,J}{}^{\perp}$$

となる．よって，

$$\begin{aligned} \operatorname{codim}_V (W+V_{I,J}) \cap V_{I,J}{}^{\perp} &= \operatorname{codim}_V (W \oplus V_{I,J}) + \operatorname{codim}_V V_{I,J}{}^{\perp} \\ &= (d-r)+r = d. \end{aligned}$$

これは $\operatorname{codim}_{V'} W' = d-r$ を意味し，帰納法の仮定から，$I'', J'' \subset K-\{I\cup J\}$ が存在して，

$$W' \cap V_{I'',J''}{}' = \{0\}, \qquad I'' \cap J'' = \phi, \qquad \#\{I'' \cup J''\} = d-r$$

とできる．ここで，$V_{I'',J''}{}' = (V_{I'',J''} \oplus V_{I,J}) \cap V_{I,J}{}^{\perp}/V_{I,J}\ (\simeq V_{I'',J''})$ とおいた．$I' = I \cup I''$，$J' = J \cup J''$ とおけば

$$W \cap V_{I',J'} = \{0\}$$

となる．実際，左辺の元は $v+v''$ ($v \in V_{I,J}$, $v'' \in V_{I'',J''}$, $v+v'' \in W$) と書ける．$v'' \in (W \oplus V_{I,J}) \cap V_{I,J}{}^{\perp}$ であるので $W' \cap V_{I'',J''}{}' = \{0\}$ から $v''$ は $V_{I,J}$ を法として 0 となることがわかり，$v''=0$ を得る．よって，$v\ (\in W \cap V_{I,J})$ も 0 である．∎

**定理 2.6 の証明**　$V = T_pM$, $\langle\ ,\ \rangle = \theta_p$, $p_i = (\partial/\partial\xi_i)_p$, $q_i = (\partial/\partial x_i)_p$, $W = T_p\Lambda$ とおいて，$d=n$, $r=0$ の場合の補題 2.2 を用いる．添字の集合 $J'$ に関する基本シンプレクティック変換を $f$，$\{(\partial/\partial\xi_i)_{f(p)} \mid i=1, \cdots, n\}$ で張られるベクトル空間を $V_0$ とおくと，$T_{f(p)}f(\Lambda) \cap V_0 = \{0\}$ となる．よって，$\dim(T_{f(p)}f(\Lambda)+V_0)/V_0 = n$ であり，$\pi|_{f(\Lambda)}$ は点 $f(p)$ の近傍でサブマーションになる．∎

**定理 2.7**　Lagrange 多様体は，適当な正準座標系のもとで，$\Lambda = \{(\xi, x) \in M \mid \xi = 0\}$ と表わせる．

**証明**　定理 2.5 と定理 2.6 より，$\Lambda = \{(\xi, x) \in M \mid \xi_i = \partial\varphi(x)/\partial x_i,\ i=1, \cdots, n\}$ としてよい．$x_i' = x_i$，$\xi_i' = \xi_i - \partial\varphi/\partial x_i$ とおくと $(\xi, x) \to (\xi', x')$ はシンプレクティック変換であり，この正準座標系で $\Lambda = \{(\xi', x') \in M \mid \xi' = 0\}$ となる．∎

さて，$N, N'$ が共に $n$ 次元の多様体であるとする．このときシンプレクティッ

ク変換 $g: T^*N \to T^*N'$ をそのグラフ $G$ と同一視しよう:

$$G = \{(p, g(p)) \in T^*N \times T^*N' \mid p \in T^*N\}.$$

$T^*N'$ には実数が作用しているので

$$\begin{array}{rccc} a\colon & T^*N' & \longrightarrow & T^*N' \\ & \rotatebox{90}{$\in$} & & \rotatebox{90}{$\in$} \\ & (\xi', x') & \longmapsto & (-\xi', x') \end{array}$$

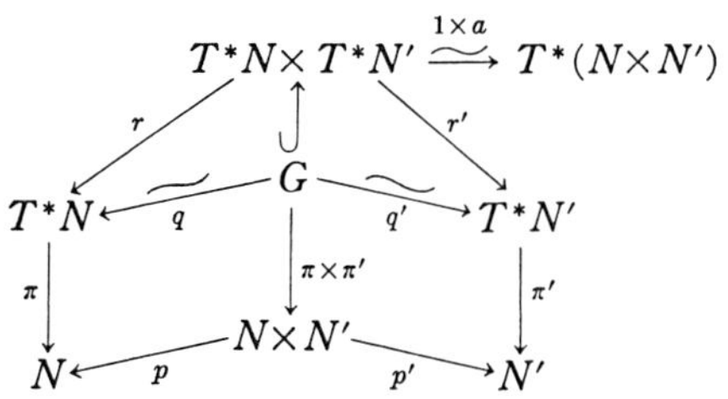


という写像が定義される. 自然に $T^*N \times T^*N'$ は $T^*(N\times N')$ と同一視できるが, ここでは

$$\begin{array}{ccc} T^*N \times T^*N' & \xrightarrow[\sim]{1\times a} & T^*(N\times N') \\ \rotatebox{90}{$\in$} & & \rotatebox{90}{$\in$} \\ ((\xi, x), (\xi', x')) & \longmapsto & (\xi, -\xi', x, x') \end{array}$$

によって同一視を行なう. $T^*N \times T^*N'$ 上には, $\Theta = r^*\theta - r'^*\theta'$ によってシンプレクティック構造が入るが, それは $T^*(N\times N')$ のシンプレクティック構造を同型写像 $1\times a$ によってひきもどしたものと一致する. さらに, 図で $q, q'$ が微分同相であることに注意しておく. すると,

$g$ がシンプレクティック変換

$\Leftrightarrow\ g^*\theta' = \theta$

$\Leftrightarrow\ q^{-1*}q'^*\theta' = \theta$

$\Leftrightarrow\ \Theta|_G = 0$

$\Leftrightarrow\ G$ が $T^*N \times T^*N' \xrightarrow[\sim]{1\times a} T^*(N\times N')$ の Lagrange 多様体.

すなわち, $q$ が微分同相という仮定のもとに, シンプレクティック変換と $T^*(N\times N')$ の Lagrange 多様体とが1対1に対応している.

特に, $\pi\times\pi'|_G$ がサブマーションであるなら, 定理2.5によって $G$ を $(x, x')$ の関数によって表現することができる. このことから次の定理を得る.

**定理 2.8**　局所的に定義されたシンプレクティック変換

(1) $\begin{cases} \xi_i' = \xi_i'(\xi, x) \\ x_i' = x_i'(\xi, x) \end{cases} \quad (i=1, \cdots, n)$

が，各点で条件

(2) $\left| \dfrac{\partial(x_1', \cdots, x_n')}{\partial(\xi_1, \cdots, \xi_n)} \right| \neq 0$

を満たすならば，関数 $\Omega(x, x')$ が存在して

(3) $\left| \dfrac{\partial^2 \Omega}{\partial x \partial x'} \right| \neq 0,$

(4) $\begin{cases} \xi_i = \dfrac{\partial \Omega}{\partial x_i} \\ \xi_i' = -\dfrac{\partial \Omega}{\partial x_i'} \end{cases} \quad (i=1, \cdots, n)$

が成立する．ここで，$\partial^2\Omega/\partial x\partial x'$ は $(i, j)$ 成分が $\partial^2\Omega/\partial x_i\partial x_j'$ である行列を表わす．

逆に (3) を満たす関数 $\Omega(x, x')$ を用いて (4) で定義される変換 (1) は (2) を満たすシンプレクティック変換となる．

このとき，$\Omega(x, x')$ をシンプレクティック変換の**母関数**という．

**証明**　この定理の直前の議論から明らかであろう．(2) は $\pi\times\pi'|_G$ がサブマーションとなるための条件であり，(3) は $q$ (と $q'$) が局所微分同相となるための条件である．∎

シンプレクティック変換の母関数 $\Omega(x, x')$ に対し，

(5) $\displaystyle\sum_{i=1}^{n} \xi_i dx_i = \sum_{i=1}^{n} \xi_i' dx_i' + d\Omega$

が成立することに注意しておく．

**定理 2.9**　$n$ 個の関数 $x_i'(\xi, x)$ が点 $p$ の近傍で与えられていて，

$$\{x_i', x_j'\} = 0 \quad (i, j=1, \cdots, n), \qquad (dx_1' \wedge \cdots \wedge dx_n')_p \neq 0$$

を満たすとする．このとき，$n$ 個の関数 $\xi_i'(\xi, x)$ が存在して

$$\begin{cases} \xi_i' = \xi_i'(\xi, x) \\ x_i' = x_i'(\xi, x) \end{cases} \quad (i=1, \cdots, n)$$

がシンプレクティック変換となる．

さらに，$x_i'$ が ($\xi$ に関し) 斉次 0 次であれば，$\xi_i'$ として斉次 1 次となるものが

存在し，それはただ一つ定まる．

**証明** 仮定により $\Lambda=\{x_1{}'=\cdots=x_n{}'=0\}$ は包合的で $n$ 次元であるから Lagrange 多様体となる．補題 2.2 により，添字の集合 $I=\{i_1,\cdots,i_l\}\subset\{1,\cdots,n\}$ が存在して，$J=\{1,\cdots,n\}-I=\{j_1,\cdots,j_{n-l}\}$ とおいたとき

$$\left|\frac{\partial(x_1{}',\cdots,x_n{}')}{\partial(\xi_{i_1},\cdots,\xi_{i_l},x_{j_1},\cdots,x_{j_{n-l}})}\right|(p)\neq 0$$

となることがわかる．したがって陰関数定理より

$$\begin{cases}\xi_i=f_i(x',\hat{\xi},\hat{x}) & (i\in I),\\ x_j=g_j(x',\hat{\xi},\hat{x}) & (j\in J)\end{cases}$$

と解くことができる．ここで，$\hat{\xi}=(\xi_{j_1},\cdots,\xi_{j_{n-l}})$，$\hat{x}=(x_{i_1},\cdots,x_{i_l})$ とおいた．

このとき，適当な関数 $\Phi(x',\hat{\xi},\hat{x})$ を選べば

$$\frac{\partial\Phi}{\partial x_i}=f_i,\quad \frac{\partial\Phi}{\partial\xi_j}=-g_j\quad (i\in I;\ j\in J), \tag{2.16}$$

$$\Phi(x',\hat{\xi}(p),\hat{x}(p))=0 \tag{2.17}$$

とできる．実際，実数 $c_1,\cdots,c_n$ に対し，$\Lambda'=\{x_1{}'(\xi,x)=c_1,\cdots,x_n{}'(\xi,x)=c_n\}$ も Lagrange 多様体で，$(\hat{\xi},\hat{x})$ が $\Lambda'$ の座標系にとれ

$$\left(\sum_{i\in I}df_i\wedge dx_i+\sum_{j\in J}d\xi_j\wedge dg_j\right)\bigg|_{\Lambda'}=\sum_{k=1}^{n}d\xi_k\wedge dx_k\bigg|_{\Lambda'}=0$$

となる．これは

$$\frac{\partial f_i}{\partial x_{i'}}=\frac{\partial f_{i'}}{\partial x_i},\quad \frac{\partial f_i}{\partial\xi_j}=-\frac{\partial g_j}{\partial x_i},\quad \frac{\partial g_j}{\partial\xi_{j'}}=\frac{\partial g_{j'}}{\partial\xi_j}\quad (i,i'\in I;\ j,j'\in J).$$

すなわち，定理 1.7 が適用され，$\Phi$ がただ一つ存在することを意味する．$x'$ のみによる任意の関数 $\varphi(x')$ によって，

$$\Omega(x',\hat{\xi},\hat{x})=\Phi(x',\hat{\xi},\hat{x})+\varphi(x')+\sum_{j\in J}\xi_j x_j$$

という関数を定義すると

$$\begin{aligned}\sum_{k=1}^{n}\xi_k dx_k-d\Omega&=\sum_{k=1}^{n}\xi_k dx_k-\sum_{i\in I}\xi_i dx_i+\sum_{j\in J}x_j d\xi_j\\ &\quad-\sum_{k=1}^{n}\frac{\partial(\Phi+\varphi)}{\partial x_k{}'}dx_k{}'-\sum_{j\in J}d(\xi_j x_j)\\ &=-\sum_{k=1}^{n}\frac{\partial(\Phi+\varphi)}{\partial x_k{}'}dx_k{}'.\end{aligned}$$

そこで，$\xi_i'=-\partial(\Phi+\varphi)/\partial x_i'$ $(i=1,\cdots,n)$ と定めれば，$(\xi,x)\to(\xi',x')$ はシンプレクティック変換を与える．

次に，$x_i'$ が $\xi$ について斉次0次であるとする．$\Phi'=-\sum_{j\in J}\xi_j g_j(x',\hat{\xi},\hat{x})$ とおく．$\hat{\xi}$ に関し $f_i$ は斉次1次，$g_j$ は斉次0次であるから，$\Phi'$ は $\xi$ に関し斉次1次の (2.16) の解となる．実際，$i\in I$，$k\in J$ のとき

$$\begin{cases} \dfrac{\partial\Phi'}{\partial x_i}=-\partial/\partial x_i\Big(\sum\limits_{j\in J}\xi_j g_j\Big)=-\sum\limits_{j\in J}\xi_j\dfrac{\partial g_j}{\partial x_i}=\sum\limits_{j\in J}\xi_j\dfrac{\partial f_i}{\partial\xi_j}=f_i, \\ \dfrac{\partial\Phi'}{\partial\xi_k}=-\partial/\partial\xi_k\Big(\sum\limits_{j\in J}\xi_j g_j\Big)=-g_k-\sum\limits_{j\in J}\xi_j\dfrac{\partial g_j}{\partial\xi_k}=-g_k-\sum\limits_{j\in J}\xi_j\dfrac{\partial g_k}{\partial\xi_j}=-g_k \end{cases}$$

となる．よって，$\xi_i'=-\partial\Phi'/\partial x_i'$ と定めれば，$\xi_i'(\xi,x)$ は $\xi$ に関し斉次1次となり，求めるものが得られた．

このときは，$(\xi,x)\to(\xi'',x')$ も斉次シンプレクティック変換であるならば，定理2.4′より

$$\sum_{k=1}^{n}\xi_k''dx_k'=\sum_{k=1}^{n}\xi_k dx_k=\sum_{k=1}^{n}\xi_k'dx_k'$$

となるので，$\xi_k''=\xi_k'$ $(k=1,\cdots,n)$ がわかる．∎

**定義 2.7**　この証明に現われた $\Omega=\Phi(x',\hat{\xi},\hat{x})+\varphi(x')+\sum_{j\in J}\xi_j x_j$ をシンプレクティック変換の**一般化された母関数**という．この $\Omega$ に対しても定理2.8と同様の命題が成立する．すなわち，(2), (3), (4) を

(2)′ $$\left|\frac{\partial(x_1',\cdots,x_n')}{\partial(\xi_{i_1},\cdots,\xi_{i_l},x_{j_1},\cdots,x_{j_{n-l}})}\right|\neq 0,$$

(3)′ $$\left|\frac{\partial^2\Phi}{\partial(\hat{\xi},\hat{x})\partial x'}\right|\neq 0,$$

(4)′ $$\begin{cases} \xi_i=\dfrac{\partial\Phi}{\partial x_i},\quad x_j=-\dfrac{\partial\Phi}{\partial\xi_j} & (i\in I;\ j\in J), \\ \xi_k'=-\dfrac{\partial\Phi}{\partial x_k'} & (k=1,\cdots,n) \end{cases}$$

で置き換えればよい．実際基本シンプレクティック変換を中継すれば定理2.8に帰着するから，これは明らかである．この場合も同様に (5) が成立している．――

定理2.9の証明からわかるように，一般のシンプレクティック変換や斉次シンプレクティック変換は，必ずある一般化された母関数を用いて表わすことができ

る．たとえば，Legendre 変換の近くのシンプレクティック変換は $J=\phi$ の場合の(すなわち，定理2.8の)母関数を用いて表わせ，恒等変換の近くのシンプレクティック変換は $I=\phi$ の場合の母関数を用いて表わせる．特に，

Legendre 変換の母関数：$\Omega=\sum_{k=1}^{n} x_k x_k{}'$,

恒等変換の母関数：$\Omega=-\sum_{k=1}^{n}\xi_k x_k{}'+\sum_{j=1}^{n}\xi_j x_j$.

接触多様体の部分多様体に対しても，シンプレクティック多様体の場合と同様の概念が定義される．

**定義 2.8** $2n+1$ 次元接触多様体 $(M,\mathscr{L}^*)$ の部分多様体 $N$ に対し，$N$ が**包合的**とは $N$ 上で恒等的に消える関数全体が Lagrange の括弧式に関して閉じているときをいう．$N$ が**等方的**とは $N$ が基本1次形式の積分多様体であるときをいう．$N$ が **Lagrange 多様体**であるとは，$N$ が $n$ 次元で等方的であるときをいう．あるいは，次の定理2.10からわかるように，$N$ が等方的かつ包合的といってもよい．

**定理 2.10** $(\hat{M},\theta)$ を $(M,\mathscr{L}^*)$ に同伴したシンプレクティック多様体，$\tau:\hat{M}\to M$ をその射影とする．$M$ の部分多様体 $N$ に対し，$\hat{N}=\tau^{-1}(N)$ とおけば

(i) $N$ が包合的 $\Longleftrightarrow$ $\hat{N}$ が包合的，

(ii) $N$ が等方的 $\Longleftrightarrow$ $\hat{N}$ が等方的，

(iii) $N$ が Lagrange 多様体 $\Longleftrightarrow$ $\hat{N}$ が Lagrange 多様体

となる．特に，(i) ならば $\dim N\geqq n$，(ii) ならば $\dim N\leqq n$ がわかる．

**証明** $N$ (または $\hat{N}$) で消える関数全体が Lagrange (または Poisson) の括弧式に関して閉じているかどうかは $N$ (または $\hat{N}$) を定義する有限個 ($=N$ の余次元) の関数について確かめればよいから (i) は明らか．

(ii) の $\Longrightarrow$ は明らかだから $\Longleftarrow$ を示す．そこで，$\hat{N}$ が等方的であると仮定する．$\theta$ は $\hat{\omega}=\sum_{j=0}^{n}\xi_j dx_j$ から $\theta=d\hat{\omega}$ と定義された．$\hat{N}$ の点 $p$ に対し，$(H\hat{\omega})_p=-\sum_{j=0}^{n}\xi_j\partial/\partial\xi_j\in T_p\hat{N}$ に注意すれば，$v$ を $T_p\hat{N}$ の元とするとき

$$\hat{\omega}_p(v)=-(L_{H\hat{\omega}}\hat{\omega})_p(v)=-(\iota_{H\hat{\omega}}d\hat{\omega})_p(v)=-d\hat{\omega}_p(H\hat{\omega}_p,v)=0$$

となるので，$\hat{\omega}|_N=0$ を得る．よって，$N$ も等方的であることがわかる．

(iii) は (i) と (ii) から明らか．∎

**例 2.8** シンプレクティック多様体 $T^*N$ の Lagrange 多様体の例として，$N$

の部分多様体 $Z$ の余法バンドル $T_Z{}^*N$ を挙げた．それと並行して，**余法球バンドル** $S_Z{}^*N$ (複素多様体のときは**余法射影バンドル** $P_Z{}^*N$) が

$$S_Z{}^*N = (T_Z{}^*N - Z)/\boldsymbol{R}_+ \qquad (P_Z{}^*N = (T_Z{}^*N - Z)/\boldsymbol{C}^\times)$$

と定義されるが，これらは接触多様体 $S^*N$ (または $P^*N$) の Lagrange 多様体となることが定理 2.10 からわかる．

**定理 2.5′**　余接球バンドル $S^*N$ の点 $p$ を通る Lagrange 多様体 $\Lambda$ に対し，写像 $\pi|_\Lambda$ の階数が $p$ の近傍で一定であるとする．このとき，$p$ の近傍 $U$ が存在して，次の関係が成立する．

$$\Lambda \cap U = (S_{\pi(\Lambda\cap U)}{}^*N) \cap U.$$

ただし，$\pi$ は $S^*N$ から $N$ への自然な射影である．

**証明**　$\pi|_\Lambda$ の階数が $p$ の近傍で $d$ であるならば，$p$ の開近傍 $U$ と $\pi(U)$ の座標系 $(x_0, \cdots, x_n)$ が存在して，

$$\pi(\Lambda \cap U) = \{(x_0, \cdots, x_n) \in \pi(U) \mid x_d = \cdots = x_n = 0\}$$

と表わせる．$\hat{\omega}|_{\hat{V}} = \sum_{i=0}^{d-1} \xi_i dx_i = 0$ で，$\hat{\Lambda} \cap \hat{U}$ の点 $q$ に対し，$(dx_0)_q, (dx_1)_q, \cdots, (dx_{d-1})_q$ は1次独立であるから

$$\hat{\Lambda} \cap \hat{U} \subset (T_{\pi(\Lambda\cap U)}{}^*N) \cap \hat{U} = \{(\xi, x) \in \hat{U} \mid \xi_0 = \cdots = \xi_{d-1} = x_d = \cdots = x_n = 0\}.$$

よって，次元を比べれば $\hat{\Lambda} \cap \hat{U} = (T_{\pi(\Lambda\cap U)}{}^*N) \cap \hat{U}$ がわかり，これは $\Lambda \cap U = (S_{\pi(\Lambda\cap U)}{}^*N) \cap U$ を意味する．∎

**定理 2.6′**　接触多様体 $S^*N$ (または $P^*N$) の点 $q$ の近傍での正準座標系 $(p, z, x)$ をとる．ただし，$(z, x)$ は $N$ の座標，$p$ はそれに応じた余接成分の座標とする．このとき，点 $q$ を通る Lagrange 多様体 $\Lambda$ に対し，適当な基本接触変換 $f$ が存在して，$\pi|_{f(\Lambda)}$ が点 $f(q)$ の近傍で，$N$ の部分多様体の上への微分同相写像となる．

**証明**　$\Lambda = \{f_0(p, z, x) = \cdots = f_n(p, z, x) = 0\}$，$(df_0 \wedge \cdots \wedge df_n)_q \neq 0$ と表わしたとき，$\omega|_\Lambda = 0$ であるから $\partial f_i/\partial z(q) \neq 0$ となる添字 $i$ ($\in K = \{0, 1, \cdots, n\}$) が存在する．$\hat{\Lambda}$ を $\Lambda$ に対応する $T^*N - N$ の Lagrange 多様体とし，$(\xi_0, \xi, x_0, x)$ を斉次正準座標系とする ($x_0 = z$, $p_j = -\xi_j/\xi_0$)．また，$\hat{q}$ を $q$ に対応する $T^*N - N$ の任意の点とする．補題 2.2 を $(2n, d, r)$ を $(2n+2, n+1, 1)$ とおいて適用すれば，添字の集合 $I = \{i_1, \cdots, i_l\}$ と $J = \{0, j_1, \cdots, j_{n-l}\}$ が存在して

$$\left|\frac{\partial(f_0,\cdots,f_n)}{\partial(\xi_{i_1},\cdots,\xi_{i_l},x_0,x_{j_1},\cdots,x_{j_{n-l}})}\right|(\hat{q})\neq 0,\qquad I\cap J=\phi,\ I\cup J=K$$

とできる(定理2.6の証明を参照せよ). 座標系$(p,z,x)$に移れば,

$$\left|\frac{\partial(f_0(p,z,x),\cdots,f_n(p,z,x))}{\partial(p_{i_1},\cdots,p_{i_l},z,x_{j_1},\cdots,x_{j_{n-l}})}\right|(q)\neq 0$$

を得る. ここで, 基本接触変換

$$x_i'=\begin{cases}x_i & (i\in I),\\ p_i & (i\notin I),\end{cases}\qquad p_i'=\begin{cases}p_i & (i\in I),\\ -x_i & (i\notin I),\end{cases}\qquad z'=z-\sum_{j\notin I}p_jx_j$$

を考えれば,

$$\partial/\partial z=\partial/\partial z',\qquad \partial/\partial p_i=\partial/\partial p_i'\qquad (i\in I),$$
$$\partial/\partial p_j=\partial/\partial x_j'+p_j'\partial/\partial z'\qquad (j\notin I)$$

となるので

$$\left|\frac{\partial(f_0(p',z',x'),\cdots,f_n(p',z',x'))}{\partial(p_{i_1},\cdots,p_{i_l},z,p_{j_1},\cdots,p_{j_{n-l}})}\right|(q)\neq 0$$

を得て, この基本接触変換が求めるものであることがわかる. ▌

接触変換 $g:S^*N\to S^*N'$ のグラフ

$$G=\{(q,g(q))\in S^*N\times S^*N'\mid q\in S^*N\}$$

を考える. $\hat{G}(\subset(T^*N-N)\times(T^*N'-N'))$で対応する斉次シンプレクティック変換のグラフを表わす. 図が可換になるように, $\tau''$は自然な射影, $\mu$は$N'$の余

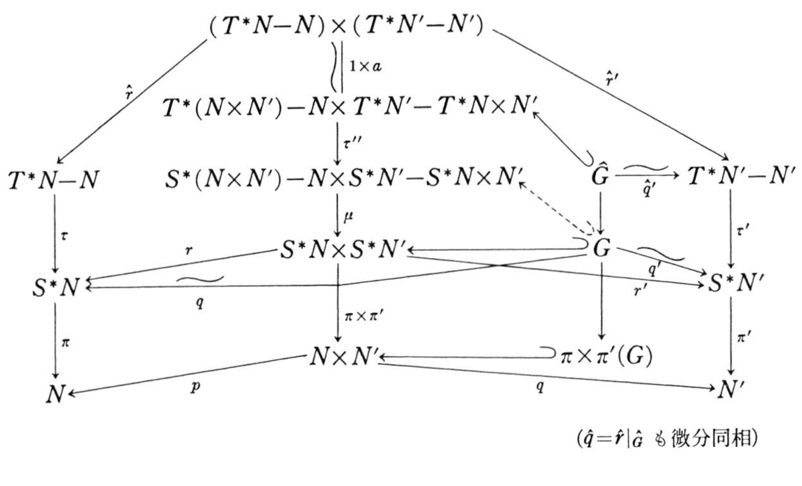


($\hat{q}=\hat{r}|_{\hat{G}}$ も微分同相)

接成分を $(-1)$ 倍して射影する写像と定義する.

$\hat{G}$ はシンプレクティック多様体 $T^*(N\times N')-N\times T^*N'-T^*N\times N'$ の Lagrange 多様体であり, それは接触多様体 $S^*(N\times N')-N\times S^*N'-S^*N\times N'$ の Lagrange 多様体 $\tau''(\hat{G})$ を用いて, $\tau''^{-1}(\tau''(\hat{G}))$ と表わされる. $\mu|_{\tau''(\hat{G})}:\tau''(\hat{G})\to G$ は微分同相であるから, $G$ は自然に接触多様体 $S^*(N\times N')-N\times S^*N'-S^*N\times N'$ の Lagrange 部分多様体とみなせる.

したがって, $\pi\times\pi'$ が $G$ から $(\pi\times\pi')(G)$ への微分同相を与えるなら, $N\times N'$ 上局所的に定義された関数 $\Omega$ が存在して,

$$\pi\times\pi'(G)=\{(x,x')\in N\times N'\,|\,\Omega(x,x')=0\},$$
$$G=\mu(S_{\pi\times\pi'(G)}{}^*(N\times N'))$$

と表わせる.

**定理 2.8′**　斉次シンプレクティック変換

$$(1)\quad \begin{cases} \xi_i'=\xi_i'(\xi,x) \\ x_i'=x_i'(\xi,x) \end{cases}\quad (i=0,1,\cdots,n)$$

が, 各点で条件

$$(2)\quad \operatorname{rank}\frac{\partial(x_0',\cdots,x_n')}{\partial(\xi_0,\cdots,\xi_n)}=n$$

を満たすならば, 関数 $\Omega(x,x')$ が存在して

$$(3)\quad \begin{vmatrix} 0 & \dfrac{\partial\Omega}{\partial x_0'} & \cdots & \dfrac{\partial\Omega}{\partial x_n'} \\ \dfrac{\partial\Omega}{\partial x_0} & \dfrac{\partial^2\Omega}{\partial x_0\partial x_0'} & \cdots & \dfrac{\partial^2\Omega}{\partial x_0\partial x_n'} \\ & \cdots\cdots\cdots & & \\ \dfrac{\partial\Omega}{\partial x_n} & \dfrac{\partial^2\Omega}{\partial x_n\partial x_0'} & \cdots & \dfrac{\partial^2\Omega}{\partial x_n\partial x_n'} \end{vmatrix}\neq 0,$$

$$(4)\quad \begin{cases} \xi_0:\cdots:\xi_n:\xi_0':\cdots:\xi_n'=\dfrac{\partial\Omega}{\partial x_0}:\cdots:\dfrac{\partial\Omega}{\partial x_n}:-\dfrac{\partial\Omega}{\partial x_0'}:\cdots:-\dfrac{\partial\Omega}{\partial x_n'}, \\ \Omega(x,x')=0 \end{cases}$$

が成立する.

逆に, (3) を満たす関数 $\Omega$ が与えられれば, (4) によって (2) を満たす斉次シンプレクティック変換 (1) が定まる.

**証明** (2)は $\pi\times\pi'|_G$ が $X\times X'$ の中の部分多様体に局所微分同相となるための条件で，(3)は $q$（と $q'$）が局所微分同相となるための条件であることに注意すれば，定理の直前の議論から明らかである．▮

定理2.8′に現われた母関数 $\Omega(x, x')$ に対しては次式が成立する．

$$(5)\quad \sum_{i=0}^{n}\xi_i dx_i=\sum_{i=0}^{m}\xi_i' dx_i'+td\Omega(x, x')\qquad (t\in \boldsymbol{R}_+).$$

**注意** 斉次シンプレクティック変換は接触変換に対応するので，正準座標系 $(p, z, x)$ を用いても同じであるが，$\xi_0\neq0$，$\xi_0'\neq0$ という条件が加わり，$\partial\Omega/\partial z(z, x, z', x')\neq0$ であるから，$(\pi\times\pi')(G)=\{\Omega(z, x, z', x')=0\}=\{z-\Phi(x, z', x')=0\}$ と表わせる．したがって，定理2.8′は $\Omega=z-\Phi(x, z', x')$ とおき，(1)，(2)，(3)，(4)を

$$(1)'\quad \begin{cases} p_i'=p_i'(p, z, x) \\ x_i'=x_i'(p, z, x) \quad (i=1, \cdots, n), \\ z'=z'(p, z, x) \end{cases}$$

$$(2)'\quad \left|\frac{\partial(x_1', \cdots, x_n')}{\partial(p_1, \cdots, p_n)}\right|\neq0,$$

$$(3)'\quad \begin{vmatrix} \dfrac{\partial\Phi}{\partial z'} & \dfrac{\partial\Phi}{\partial x_1'} & \cdots & \dfrac{\partial\Phi}{\partial x_n'} \\ \dfrac{\partial^2\Phi}{\partial x_1\partial z'} & \dfrac{\partial^2\Phi}{\partial x_1\partial x_1'} & \cdots & \dfrac{\partial^2\Phi}{\partial x_1\partial x_n'} \\ & \cdots\cdots\cdots & & \\ \dfrac{\partial^2\Phi}{\partial x_n\partial z'} & \dfrac{\partial^2\Phi}{\partial x_n\partial x_1'} & \cdots & \dfrac{\partial^2\Phi}{\partial x_n\partial x_n'} \end{vmatrix}\neq0,\qquad \frac{\partial\Phi}{\partial z'}>0,$$

$$(4)'\quad \begin{cases} p_i=\dfrac{\partial\Phi}{\partial x_i}, & z=\Phi \\ p_i'=-\rho^{-1}\dfrac{\partial\Phi}{\partial x_i'}, & \rho=\dfrac{\partial\Phi}{\partial z'} \end{cases}\qquad (i=1, \cdots, n)$$

に換えればそのまま成立する．そして，(5)は

$$(5)'\quad dz-\sum_{i=1}^{n}p_i dx_i=\rho\left(dz'-\sum_{i=1}^{n}p_i' dx_i'\right)+d\Omega$$

となる．したがって，Lagrange の括弧式に関しては

$$[\ ,\ ]'=\rho[\ ,\ ]$$

が成立する．

間に基本接触変換をはさめば，シンプレクティック変換のときと同様，一般化された母関数が得られる．

添字の集合 $I\subset\{1, \cdots, n\}$，$J=\{1, \cdots, n\}-I$ に対し，**一般化された母関数**は，

$$(2.18)\qquad \Omega=z-\sum_{j\in J}p_j x_j-\Phi(x_i, p_j, x', z')\qquad (i\in I;\ j\in J)$$

と表わされる．このときには，(2)′, (3)′, (4)′ を (2)″, (3)″, (4)″ にすればよい．ただし，(2)″, (3)″ は，$J$ に属する添字 $j$ に対する $x_j$ を $p_j$ で，$p_j$ を $x_j$ で置き換えた条件で，さらに

$$
(4)'' \quad \begin{cases} p_i = \dfrac{\partial \Phi}{\partial x_i} \ (i \in I), \quad x_j = -\dfrac{\partial \Phi}{\partial p_j} \ (j \in J), \quad z = \displaystyle\sum_{j \in J} p_j x_j + \Phi, \\ p_k{}' = -\rho^{-1} \dfrac{\partial \Phi}{\partial x_k{}'} \ (k=1, \cdots, n), \quad \rho = \dfrac{\partial \Phi}{\partial z'} \end{cases}
$$

である．また，(5)′ はそのまま成立する．

定理 2.6′ からわかるように（定理 2.9 の証明も参照せよ），正準座標系を用いて接触変換を表わしたとき，それはすべてある一般化された母関数 (2.18) によって表現することができる．

## §2.3　一般の部分多様体

シンプレクティック多様体，接触多様体における部分多様体の標準形を求める．まず，包合的である場合を考察する．特に，定義から余次元 1 の部分多様体は包合的であることに注意しよう．

**定理 2.11**　$2n$ 次元シンプレクティック多様体 $(M, \theta)$ の部分多様体 $N$ の余次元を $d$ とする．このとき，$N$ が包合的であるための必要十分条件は，$N$ の各点 $p$ に対し，座標近傍 $U$ と適当な正準座標系 $(\xi_1, \cdots, \xi_n, x_1, \cdots, x_n)$ が存在して，

$$
N \cap U = \{(\xi, x) \in U \mid x_1 = \cdots = x_d = 0\}
$$

と表わされることである．

**証明**　$N$ が包合的であると仮定し，$p$ の近傍で正準座標系 $(\xi, x)$ をとる．$T_pN$ は $(T_pM, \theta_p)$ の包合的線型部分空間であるから，補題 2.2 を適用すれば，添字の集合 $I, J \subset \{1, \cdots, n\}$ を選んで

$$
T_pN \cap \left( \sum_{i \in I} \boldsymbol{R}(\partial/\partial \xi_i)_p + \sum_{j \in J} \boldsymbol{R}(\partial/\partial x_j)_p \right) = \{0\},
$$

$$
I \cap J = \phi, \qquad \sharp(I \cup J) = d
$$

とできる．そこで，$I$ に対応する基本シンプレクティック変換と添字の番号の変換（これもシンプレクティック変換）を行なえば，

$$
f_j(\xi, x) = x_j - g_j(\xi_1, \cdots, \xi_n, x_{d+1}, \cdots, x_n) \qquad (j=1, \cdots, d)
$$

という関数で，$N \cap U = \{(\xi, x) \in U \mid f_1(\xi, x) = \cdots = f_d(\xi, x) = 0\}$ と表わされているとしてよい．

このとき，$\{f_i, f_j\}$ は $(\xi_1, \cdots, \xi_n, x_{d+1}, \cdots, x_n)$ のみの関数であるが，$N$ 上では $(\xi_1, \cdots, \xi_n, x_{d+1}, \cdots, x_n)$ をその座標系として用いることができるので，$\{f_i, f_j\}|_N = 0$ となるには，$\{f_i, f_j\}=0\ (i, j=1, \cdots, d)$ でなければならない．

ここで，次の補題を考えよう．

**補題 2.3** $(M, \theta)$ の点 $p$ の近傍で定義された関数 $h_1, \cdots, h_l$ が

$$(dh_1 \wedge \cdots \wedge dh_l)_p \neq 0, \qquad \{h_i, h_j\} = 0 \quad (i, j=1, \cdots, l)$$

を満たし，$l<n$ であるなら，関数 $h_{l+1}$ で

$$(dh_1 \wedge \cdots \wedge dh_{l+1})_p \neq 0, \qquad \{h_i, h_{l+1}\} = 0 \quad (i=1, \cdots, l)$$

を満たすものが存在する．

**証明** 次の方程式

$$H_{h_i} u = 0 \qquad (i=1, \cdots, l)$$

を考えよう．$(dh_1)_p, \cdots, (dh_l)_p$ は1次独立で，写像 $H$ は同型であったから，$H_{h_1}, \cdots, H_{h_l}$ は $l$ 次元の微分式系をなし仮定から $[H_{h_i}, H_{h_j}]=0$ が成立することがわかる．$u=h_1, \cdots, h_l$ は方程式の解であるが，$2n-l>l$ となっているので，定理1.6から求める $h_{l+1}$ の存在がわかる．▌

**定理 2.11 の証明の続き** この補題を用いれば，関数 $f_1, \cdots, f_d$ に帰納的に $f_{d+1}, \cdots, f_n$ をつけ加えて

$$(df_1 \wedge \cdots \wedge df_n)_p \neq 0, \qquad \{f_i, f_j\} = 0 \quad (i, j=1, \cdots, n)$$

とすることができる．定理2.9によれば，$x_j'=f_j$ となる正準座標系 $(\xi_1', \cdots, \xi_n', x_1', \cdots, x_n')$ が存在することがわかり，この座標系で $N$ は

$$N \cap U = \{(\xi', x') \in U \mid x_1' = \cdots = x_d' = 0\}$$

と表わせる．

逆に，この形の $N$ が包合的であることは明らか．▌

次に接触多様体の場合を考察しよう．

**定義 2.9** 接触多様体の部分多様体 $N$ が $N$ の点 $q$ で**正則包合的**とは，点 $q$ の近傍で $N$ が包合的であり，しかも基本1次形式 $\omega$ に対し $(\omega|_N)_q \neq 0$ が成立することをいう．

**注意** Lagrange 多様体は包合的部分多様体であるが，正則包合的ではない．問題7の場合もそうである．

**定理 2.11′** $2n+1$ 次元接触多様体 $(M, \mathscr{L}^*)$ の余次元 $d$ の部分多様体 $N$ に対し，

$N$ が点 $q$ で正則包合的となるための必要十分条件は，$q$ の近傍 $U$ で正準座標系 $(p_1, \cdots, p_n, z, x_1, \cdots, x_n)$ が存在して

$$N \cap U = \{(p, z, x) \in U \mid x_1 = \cdots = x_d = 0\}$$

という表現ができることである．

**証明**　$q=(0,0,0)$，$\omega = dz - \sum_{i=1}^{n} p_i dx_i$ となる正準座標系 $(p, z, x)$ をとる．$\omega_q{}^{\perp}$ $(\subset T_qM)$ は $d\omega_q$ によって $2n$ 次元シンプレクティック・ベクトル空間となり，$\{(\partial/\partial x_1)_q, \cdots, (\partial/\partial x_n)_q, (\partial/\partial p_1)_q, \cdots, (\partial/\partial p_n)_q\}$ がそのシンプレクティック基底となる．$N$ は点 $q$ で正則包合的であるから，$T_qN \not\subset \omega_q{}^{\perp}$ で，$W = T_qN \cap \omega_q{}^{\perp}$ は $\omega_q{}^{\perp}$ の中で余次元 $d$ の包合的線型部分空間となる．したがって，補題 2.2 より，$I \cap J = \phi$，$\#(I \cup J) = d$ を満たす添字の集合 $I, J\ (\subset \{1, \cdots, n\})$ が存在して，

$$T_qN \cap \left(\sum_{i \in I} \boldsymbol{R}(\partial/\partial x_i)_q + \sum_{j \in J} \boldsymbol{R}(\partial/\partial p_j)_q\right)$$

$$= W \cap \left(\sum_{i \in I} \boldsymbol{R}(\partial/\partial x_i)_q + \sum_{j \in J} \boldsymbol{R}(\partial/\partial p_j)_q\right) = \{0\}$$

となることがわかる．

$J$ に対応する基本接触変換 $(p, z, x) \mapsto (p', z', x')$ は，$T_qM$ に $(\partial/\partial x_i')_q = (\partial/\partial x_i)_q$ $(i \notin J)$，$(\partial/\partial x_j')_q = (\partial/\partial p_j)_q$ $(j \in J)$ という変換をひきおこすので（$q$ が $(0,0,0)$ に対応していることに注意），定理 2.11 の証明の場合と同様の議論により，

$$f_j = x_j - g_j(p_1, \cdots, p_n, z, x_{d+1}, \cdots, x_n) \qquad (j=1, \cdots, d)$$

という関数で，

$$N \cap U = \{(p, z, x) \in U \mid f_j(p, z, x) = 0, j=1, \cdots, d\}$$

と表わせているとしてよい．

以下，斉次正準座標系 $(\xi_0, \cdots, \xi_n, x_0, \cdots, x_n)$ を用いて考える．$z = x_0$，$p_i = -\xi_i/\xi_0$ $(i=1, \cdots, n)$ である．前と同様 $\{f_i, f_j\} = 0$ が成立していることがわかる．そこで，まず次の補題を証明しよう．

**補題 2.3′**　$\hat{M}$ を $M$ に同伴したシンプレクティック多様体，$\hat{q}$ を $q$ に対応する $\hat{M}$ の任意の点とする．$h_1, \cdots, h_l$ は斉次 0 次の関数（すなわち，$(H\hat{\omega})h_j = 0$）で，

$$(\hat{\omega} \wedge dh_1 \wedge \cdots \wedge dh_l)_{\hat{q}} \neq 0, \qquad \{h_i, h_j\} = 0 \quad (i, j=1, \cdots, l)$$

を満たすとする．$l < n+1$ ならば斉次 0 次の関数 $h_{l+1}$ が存在して，

$$(dh_1 \wedge \cdots \wedge dh_{l+1})_{\hat{q}} \neq 0, \qquad \{h_i, h_{l+1}\} = 0 \quad (i=1, \cdots, l)$$

とできる．さらに，$l+1<n+1$ ならば

$$(\hat{\omega}\wedge dh_1\wedge\cdots\wedge dh_{l+1})_{\hat{q}}\neq 0$$

も満たすようにできる．

**証明** 次の方程式を考える．

$$H_{h_1}u=\cdots=H_{h_l}u=H\hat{\omega}u=0.$$

仮定から $H_{h_1},\cdots,H_{h_l},H\hat{\omega}$ は $l+1$ 次元微分式系をなしていることがわかり，さらに $[H_{h_i},H_{h_j}]=0\ (i,j=1,\cdots,l)$，$[H\hat{\omega},H_{h_i}]=H_{h_i}\ (i=1,\cdots,l)$ が成立する．$2(n+1)-(l+1)\geqq l+1$ であるから，定理1.6より求める解 $h_{l+1}$ の存在がわかる．∎

**定理2.11′の証明の続き** この補題より，関数の組 $\{f_1,\cdots,f_d\}$ を帰納的に拡大して $f_{d+1},\cdots,f_{n+1}$ を選び

$$(df_1\wedge\cdots\wedge df_n)_q\neq 0,\qquad \{f_i,f_j\}=0,\qquad \sum_{i=0}^{n}\xi_i\frac{\partial f_j}{\partial\xi_i}=0$$

が成立するようにできる．そこで定理2.9を用いれば，$x_j'=f_j'$ となる斉次正準座標系 $(\xi_1',\cdots,\xi_{n+1}',x_1',\cdots,x_{n+1}')$ が存在し，

$$N\cap U=\{(\xi',x')\in U\mid x_1'=\cdots=x_d'=0\}$$

となる．

さて，もし $\xi_{d+1}'(\hat{q})=\cdots=\xi_{n+1}'(\hat{q})=0$ が成立しているとすれば，$N$ は点 $q$ で正則とならず矛盾する．よって，たとえば $\xi_{n+1}'(\hat{q})\neq 0$ と仮定してよい．このとき，

$$p_j''=-\frac{\xi_j}{\xi_{n+1}},\qquad x_j''=x_j',\qquad z''=x_{n+1}'$$

によって $M$ の正準座標系 $(p_1'',\cdots,p_n'',z'',x_1'',\cdots,x_n'')$ を定義すれば，これが求めるものとなる．

逆に，定理の形の $N$ が点 $q$ で正則包合的となるのは明らか．∎

次に，必ずしも包合的でない一般の部分多様体の標準形を求めよう．

**定理2.12** $(M,\theta)$ を $2n$ 次元シンプレクティック多様体，$N$ を余次元 $d$ の部分多様体とする．$N$ の点 $p$ に対して

$$(\theta^k|_N)_p\neq 0,\qquad \theta^{k+1}|_N=0$$

であるならば，$n+k\leqq d+2k\leqq 2n$ が成立し，$p$ の近傍 $U$ で正準座標系 $(\xi_1,\cdots,\xi_n,x_1,\cdots,x_n)$ が存在して

$$N\cap U=\{(\xi,x)\in U\,|\,x_1=\cdots=x_{n-k}=\xi_1=\cdots=\xi_{d+k-n}=0\}$$

と表わせる．特に，

$$N\text{ が等方的}\iff k=0,$$
$$N\text{ が包合的}\iff d+k=n$$

となり，$\theta$ の積分多様体で $N$ に含まれるものの最大次元は $2n-(d+k)$ である．

**証明** $n$ に関する帰納法による．

$n=1$ ならば明らかである．$d=2$ なら $N$ は1点，$d=1$ なら $N$ は包合的で，定理2.11に帰着する．

$n>1$ と仮定し，場合を分ける．

(i) $N$ 上で恒等的に0となる関数 $f,g$ で，$\{f,g\}(p)\neq 0$ となるものが存在する場合．

$(df)_p\neq 0$ であるから，$\{q\in U\,|\,f(q)=0\}$ は包合的部分多様体となる．よって，$\{q\in U\,|\,f(q)=0\}=\{q\in U\,|\,x_1(q)=0\}$ となる正準座標系 $(\xi,x)$ の存在が定理2.11からわかる．$(\partial g/\partial\xi_1)(p)=\{g,x_1\}(p)\neq 0$ であるから，陰関数定理により，関数 $c,h$ を用いて

$$c\cdot g=\xi_1+h(\xi_2,\cdots,\xi_n,x_1,\cdots,x_n)$$

と表わされる．よって，$f=x_1$，$g=\xi_1+h$ と取り直せば，$\{g,f\}=1$ が成立していると仮定してよい．

さて，次の補題が成立する．

**補題2.4** $p$ の近傍で定義された関数 $f_1,\cdots,f_l,g$ に対して，

$$(2.19)\quad\begin{cases}\{g,f_1\}=1, & \{g,f_j\}=\{f_i,f_j\}=0\quad(i=1,\cdots,l;\ j=2,\cdots,l),\\ (df_1\wedge\cdots\wedge df_l)_p\neq 0\end{cases}$$

が成立して，$l<n$ であるならば，関数 $f_{l+1}$ を

$$\{g,f_{l+1}\}=\{f_i,f_{l+1}\}=0\qquad(i=1,\cdots,l),$$
$$(df_1\wedge\cdots\wedge df_{l+1})_p\neq 0$$

となるように取ることができる．——

この補題の証明は補題2.3の場合と同様であるから省略しよう．$f=f_1$ とおいてこの補題を用いれば，帰納的に，$l=n$ に対し(2.19)を成立させる $f_2,\cdots,f_n$ の存在がわかる．そこで，$x_i=f_i$ となるような正準座標系 $(\xi,x)$ を新たにとると，$\{g,x_i\}=0$ $(i=2,\cdots,n)$，$\{g,x_1\}=1$ であるから

(2.20) $$g(\xi, x) = \xi_1 + \varphi(x_1, \cdots, x_n)$$

と表わせる．したがって

$$g_j(\xi, x) = \xi_j + \partial/\partial x_j \int_0^{x_1} \varphi(t, x_2, \cdots, x_n)dt$$

とおけば

$$\{f_i, f_j\} = \{g_i, g_j\} = 0, \qquad \{g_i, f_j\} = \delta_{ij} \qquad (i, j=1, \cdots, n)$$

となるから，$x_i'=f_i$，$\xi_j'=g_j$ とおくと $(\xi', x')$ が正準座標系になる．$\xi_1'$ と $x_1'$ は $N$ 上で恒等的に 0 となるから

$$M' = \{(\xi', x') \in U \mid \xi_1'=x_1'=0\},$$
$$N' = N \cap M' = N \cap U,$$
$$\theta' = \theta|_{M'} = \sum_{i=2}^{n} d\xi_i' \wedge dx_i'$$

とおけば，やはり $(\theta'^k|_{N'})_p \neq 0$，$\theta'^{k+1}|_{N'}=0$ だから $n-1$ の場合に帰着された．

(ii) $N$ 上で恒等的に 0 となる任意の関数 $f, g$ に対して $\{f, g\}(p)=0$ となる場合．

78 ページの注意から明らかなように，$T_pN$ はシンプレクティック・ベクトル空間 $(T_pM, \theta_p)$ の包合的部分空間となっていて，仮定から $\theta_p|_{T_pN}$ の階数は $k$ であることがわかる．補題 1.3 より

$$\dim (T_pN)^\perp = \dim ((T_pN)^\perp \cap T_pN)$$
$$= \dim T_pN - 2 \operatorname{rank} (\theta_p|_{T_pN})$$

であるから，$d=2n-d-2k$，よって $k=n-d$ である．

一方，$\theta^k|_N(q) \neq 0$ となる $N$ の点 $q$ において，$N$ 上で恒等的に 0 になる関数 $f, g$ で $\{f, g\}(q) \neq 0$ となるものが存在するならば，点 $q$ の近傍で (i) の結果を適用すれば $k<n-d$ でなければならないことがわかる．

以上より，$f, g$ が $N$ 上で恒等的に 0 となるならば，$p$ の近傍で $\{f, g\}|_N=0$ が成立することがわかる．よって，定理 2.12 に帰着された．∎

**定理 2.12′** $(M, \mathscr{L}^*)$ を $2n+1$ 次元接触多様体，$\omega$ を点 $p$ の近傍での基本 1 次形式とする．$M$ の余次元 $d$ の部分多様体が $q$ を通り，かつ $\omega'=\omega|_N$ が $N$ における点 $q$ の近傍で一定の半類数 $k$ を持つならば，$n+1+k \leqq d+2k \leqq 2(n+1)$ が成立し，$q$ の近傍 $U$ で正準座標系 $(p, z, x)$ を適当にとれば

$$N\cap U=\{(p,z,x)\in U\mid x_1=\cdots=x_{n+1-k}=p_1=\cdots=p_{d+k-n-1}=0\}$$

と表わすことができる．ただし，$x_{n+1}=z$ と解釈する．したがって，

$$N\text{ が包合的 }\iff d+k=n+1\begin{cases} d\leqq n \text{ なら正則包合的,} \\ d=n+1 \text{ なら Lagrange 部分多様体,}\end{cases}$$

$$N\text{ が等方的 }\iff k=0$$

となり，$\omega$ の積分多様体で $N$ に含まれるものの最大次元は $2n+1-(d+k)$ である．

**証明**　定理 2.12 の証明と同様に行なえるので，変更すべき部分だけ述べる．

(i), (ii) は Poisson の括弧式を Lagrange の括弧式に変えた条件にする．

(i) の場合　$[f,g](q)\neq 0$ なら $\{q'\in U\mid f(q')=0\}$ は正則包合的となるので，$f=x_1$ と仮定してよい．以下は斉次正準座標系を用いて議論を行なう．$g$ は $\xi$ に関し斉次1次にとれば，$g=\xi_1$ と仮定してよいのは前と同じ．補題 2.4 は次のように変えればよい．

**補題 2.4′**　$\hat{M}$ の点 $\hat{q}$ の近傍で定義された関数 $f_1,\cdots,f_l,g$ に対して

$$(2.21)\quad \begin{cases} \{g,f_1\}=1, \quad H\hat{\omega}(g)=-g, \\ \{g,f_j\}=\{f_i,f_j\}=H\hat{\omega}(f_i)=0 \qquad (i=1,\cdots,l\,;\ j=2,\cdots,l), \\ (\hat{\omega}\wedge df_1\wedge\cdots\wedge df_l)_{\hat{q}}\neq 0 \end{cases}$$

が成立して，$l<n+1$ であるならば，関数 $f_{l+1}$ を

$$(2.22)\qquad \{g,f_{l+1}\}=\{f_i,f_{l+1}\}=H\hat{\omega}(f_{l+1})=0 \qquad (i=1,\cdots,l),$$

$$(2.23)\qquad \begin{cases} l=n \quad \text{のとき} \quad (df_1\wedge\cdots\wedge df_{l+1})_{\hat{q}}\neq 0, \\ l<n \quad \text{のとき} \quad (\hat{\omega}\wedge df_1\wedge\cdots\wedge df_{l+1})_{\hat{q}}\neq 0 \end{cases}$$

となるように取ることができる．——

条件 (2.21), (2.22) のもとでは，$(df_1)_{\hat{q}}\notin(H_g)_{\hat{q}}{}^{\perp}$，$\hat{\omega}_{\hat{q}},(df_2)_{\hat{q}},\cdots,(df_{l+1})_{\hat{q}}\in(H_g)_{\hat{q}}{}^{\perp}$ となるので，条件 (2.23) は

$$\begin{cases} l=n \quad \text{のとき} \quad (df_2\wedge\cdots\wedge df_{l+1})_{\hat{q}}\neq 0, \\ l<n \quad \text{のとき} \quad (\hat{\omega}\wedge df_2\wedge\cdots\wedge df_{l+1})_{\hat{q}}\neq 0 \end{cases}$$

と同値である．このことに注意すれば，この補題の証明は補題 2.4 の場合と同じである．

(2.20) においては，$g$ は $\xi$ に関して斉次1次であるから，直ちに $\varphi=0$ が結論される．

最後は，その射影が $q$ となる $\hat{M}$ の点 $\hat{q}$ に対し，$\xi_i(\hat{q})\neq 0$ となる $i$ が存在して，その $i$ は1でないから，$p_1''=-\xi_1'/\xi_i'$，$x_1''=x_1'$ となる正準座標系 $(p'',z'',x'')$ が取れ，$M'=\{(p'',x'',z'')\in U\,|\,p_1''=x_1''=0\}$ とおくことにより帰納法が進行する．

(ii)の場合　$\tau$ を $\hat{M}$ から $M$ への射影，$\hat{N}=\tau^{-1}(N)$ とおくと，仮定から $T_{\hat{q}}\hat{N}$ が $(T_{\hat{q}}\hat{M},(d\hat{\omega})_{\hat{q}})$ の包合的線型部分空間となることがわかる $(\tau(\hat{q})=q)$．よって，$k=n+1-d$ を得る．一方，$\hat{N}$ の点 $\hat{q}'$ に対し，$T_{\hat{q}'}\hat{N}$ が $(T_{\hat{q}'}\hat{M},(d\hat{\omega})_{\hat{q}'})$ の包合的部分空間でないなら，点 $\tau(\hat{q}')$ では(i)の場合となり，$k<n+1-d$ となってしまう．したがって，$\hat{N}$ は $\hat{q}$ の近傍で包合的でなければならず，これは $N$ が $q$ の近傍で包合的となることを意味する．

$k\neq 0$ なら $N$ は点 $q$ で正則包合的となるので，定理2.11′に帰着する．

$k=0$ なら $N$ は Lagrange 部分多様体となる．定理2.5′と定理2.6′を用いれば，正準座標系により

$$N\cap U=\{(p,z,x)\in U\,|\,z=p_1=\cdots=p_n=0\}$$

と表わせることがわかる．さらに，Legendre 変換を行なえば，$N$ は求める形に表示される．▮

**定義2.10**　定理2.12′において，$\omega|_N$ の特性体(定義1.10)を，単に $N$ の**特性体**という．それは，定理2.12′の正準座標系を用いて

$$\{(p,z,x)\in U\,|\,x_1=\cdots=x_{n+1-k}=p_1=\cdots=p_{d+k-n-1}=0,$$
$$p_{d+k-n}=\text{一定},\cdots,p_{n+1-k}=\text{一定}\}$$

と表わすことができる．

また，定理2.12においても，$\theta|_N$ を生成元とする微分イデアルの最大次元積分多様体を $N$ の**特性体**という．——

特に，$N$ が包合的なら，それは完全積分可能な微分式系 $\bigcup_{q\in M}\{(H_f)_q\in T_qM\,|\,f$ は $N$ 上恒等的に0になる関数$\}$ の $N$ 内の最大次元積分多様体である．このとき，$N$ の点 $q$ に対し $(H_f)_q\in T_qN$ であるから，この微分式系は $N$ 上で考えれば $N$ の完全積分可能な微分式系とみなせることに注意しよう．

特性体の次元は，$k\geqq 1$ ならば，定理2.12のときは $2n-(d+2k)$，定理2.12′のときは $2(n+1)-(d+2k)$ になり，$k=0$ ならば $N$ の次元に等しい．

$\hat{M}$ を接触多様体 $M$ に同伴したシンプレクティック多様体，$\tau:\hat{M}\to M$ を射影

とすると，$N$ の特性体は $\tau^{-1}(N)$ の特性体の $\tau$ による像と一致する.

以上のことは，定理2.12，定理2.12′にある標準形の場合に確かめればよいから容易にわかる．(定理2.3と2.3′を参照せよ).

## 問　　題

**1**　無限小接触変換の生成する局所1パラメータ変換群はパラメータを持つ接触変換である.

**2**　例2.6の放物型変換の斉次2次多項式 $Q$ を行列 $A$ によって表わせ.

**3**　多様体 $M$ の座標変換が与えられたとき，それからひきおこされる $T^*M$ 上のシンプレクティック変換および $S^*M$ 上の接触変換の母関数を求めよ.

**4**　(i)　$\boldsymbol{R}$ 上の $m$ 次元ベクトル空間 $(\simeq \boldsymbol{R}^m)$ の上で定義されたベクトル場の1パラメータ変換群が(パラメータをもつ)線型変換となるための条件を求めよ.

(ii)　$2n$ 次元シンプレクティック・ベクトル空間上のベクトル場で，その1パラメータ変換群が線型シンプレクティック変換となるものおよび線型斉次シンプレクティック変換となるものをすべて求めよ.

(iii)　(ii)のベクトル場を Hamilton ベクトル場 $H_f$ の形に表わしたときの $f$ は何か．また，(ii)の変換の母関数は何か.

**5**　シンプレクティック多様体の点 $\mathring{q}$ を通る二つの超曲面で，$(df_1\wedge df_2)_{\mathring{q}}\neq 0$ を満たす関数によって，$V_i=\{q\in M\mid f_i(q)=0\}$ $(i=1,2)$ と表わされるものを考える．このとき正準座標系 $(\xi_1,\cdots,\xi_n,x_1,\cdots,x_n)$ を適当にとれば，$\mathring{q}$ の近傍で $V_i$ は次のように表示される.

(i)　$\{f,g\}(\mathring{q})\neq 0$ のとき $V_1=\{x_1=0\}$，$V_2=\{\xi_1=0\}$,

(ii)　$V_1\cap V_2$ が包合的な場合 $V_1=\{x_1=0\}$，$V_2=\{x_2=0\}$,

(iii)　$\{f_1,f_2\}(\mathring{q})=0$，$\{f_1,\{f_1,f_2\}\}(\mathring{q})\neq 0$，$\{f_2,\{f_1,f_2\}\}(\mathring{q})\neq 0$ となるとき，$C^\infty$ 級の場合は，$V_1=\{x_1=0\}$，$V_2=\{\xi_1{}^2+\xi_2+x_1=0\}$ と表わせるが(R. Melrose, 1975年)，$C^\omega$ 級の場合はそうとは限らない(大島利雄，1975年).

**6**　5は接触多様体の場合はどうなるか.

**7**　$2n+1$ 次元接触多様体 $(M,\omega)$ の余次元1の部分多様体 $V$ に対し，$W=\{q\in M\mid (\omega|_V)_q=0\}$ とおく．$W$ の次元が $n$ ならば，正準座標系 $(p_1,\cdots,p_n,z,x_1,\cdots,x_n)$ を適当に選ぶと，$V=\{z=0\}$ と表わせる．($W$ が $n$ 次元であるならば，$W$ は特異点を持たない.)

# 第3章　1階偏微分方程式

## §3.1　一般論

シンプレクティック変換および接触変換の理論は，歴史的には Lagrange, Hamilton, Jacobi 等による1階の偏微分方程式の理論に伴って展開されてきた．この節では今までに述べてきた幾何学的な立場から，未知関数が1個の1階偏微分方程式系について論じる．

未知関数 $z(x_1, \cdots, x_n)$ に対する一般の1階偏微分方程式系は次の形に書かれる：

$$\mathcal{M}:\ f_i(p_1, \cdots, p_n, z, x_1, \cdots, x_n) = 0 \qquad (i=1, \cdots, r).$$

ただし，$p_j=\partial z/\partial x_j\ (j=1, \cdots, n)$ であり，$f_1, \cdots, f_n$ は $2n+1$ 変数の実数値 $C^\infty$ 級(または実数値 $C^\omega$ 級，または正則)関数であるとする．さて，

$X$: 変数 $x=(x_1, \cdots, x_n)$ の空間，$n$ 次元である，

$N$: $(z, x)$ の空間で，$n+1$ 次元である，

$M=S^*N_+$: $(p, z, x)$ の空間で，$2n+1$ 次元

によって多様体 $X, N, M$ を定義する．ここで，$N$ の余接バンドル $T^*N$ の点を $\left(z, x\,;\xi_0dz+\sum_{i=1}^n \xi_idx_i\right)$ と表わすことにより，$(z, x\,;\xi_0, \xi)$ は余接球バンドル $S^*N$ の同次座標系とみなせる．$S^*N_+$ は $\xi_0>0$ で定義される $S^*N$ の開部分多様体で，$p_i=-\xi_i/\xi_0\ (i=1, \cdots, n)$ である．ただし変数 $x$ が複素変数のときは複素多様体となるので，$S^*N_+$ を余接射影バンドル $P^*N$ で置き換える．

$S^*N_+$ 上には基本1次形式 $\omega=dz-p_1dx_1-\cdots-p_ndx_n$ が存在して，$M=S^*N_+$ に接触構造を与えている．いま，関数 $z=z(x_1, \cdots, x_n)$ によって定められる $N$ の超曲面

$$Z=\{(z, x)\in N\,|\,z=z(x)\}$$

を考え，その余法球バンドルの $M$ 内の部分を

$$\begin{aligned}\Lambda_Z &= S_Z{}^*N_+ = S_Z{}^*N\cap S^*N_+\\ &=\{(p, z, x)\in M\,|\,z=z(x), p_i=\partial z/\partial x_i(x), i=1, \cdots, n\}\end{aligned}$$

とおくと，$\Lambda_Z$ は $M$ の Lagrange 部分多様体であって，$M$ の部分集合 $V$ を

$$V=\{(p,z,x)\in M \mid f_i(p,z,x)=0, i=1,\cdots,r\}$$

により定義すると

$$\text{“}z=z(x) \text{ が } \mathcal{M} \text{ の解} \Longleftrightarrow \Lambda_Z\subset V\text{”}$$

が成立する．射影 $\pi: M\to N$, $\pi': M\to X$ を自然なものとするとき，$\pi'|_{\Lambda_Z}: \Lambda_Z\to X$ は微分同相となるが，逆に $M$ 内の Lagrange 多様体 $\Lambda$ で，$\pi'|_\Lambda: \Lambda\to X$ が微分同相となるものは，ある関数 $z=z(x)$ を用いて $\Lambda=S_{\{z=z(x)\}}{}^*N_+$ と表わせることが定理 2.5′ からわかる．

$$\begin{array}{ccccccc}
(p,z,x) & \in & M=S^*N_+ & \supset V \supset & \Lambda_Z & = & S_Z{}^*N_+ \\
\downarrow & & \downarrow \pi \quad (\pi') & & \downarrow & & \\
(z,x) & \in & N & \supset & Z & = & \{(z(x),x)\} \\
\downarrow & & \downarrow & & \downarrow & & \\
x & \in & X & = & X & &
\end{array}$$

したがって，方程式 $\mathcal{M}$ の解を求めることは，$V$ に含まれる Lagrange 多様体 $\Lambda$ で，$\pi'|_\Lambda$ が微分同相写像となるものを求めることに対応する．

さて，Lagrange 多様体 $\Lambda$ は包合的であるから，それが $V$ に含まれるなら，$\Lambda$ 上では $f_i$ のみならず，それらの Lagrange 括弧式 $[f_i,f_j]$ も恒等的に 0 になる．そこで $M$ の部分集合 $V^{(k)}$ を帰納的に

$$V^{(0)}=V,$$
$$I^{(k+1)}=\{f,[f,g] \mid f,g \text{ は } V^{(k)} \text{ 上で恒等的に } 0 \text{ となる関数}\},$$
$$V^{(k+1)}=\{(p,z,x)\in M \mid f(p,z,x)=0, f\in I^{(k+1)}\}$$

によって定義すれば

$$V\supset V^{(1)}\supset\cdots\supset V^{(k)}\supset V^{(k+1)}\supset\cdots$$

となり，$\Lambda$ は $V^{(k)}$ に含まれることがわかる．

以上のことから，次の定理を得る．

**定理 3.1**　上述の記号のもとに，次の集合の元が1対1に対応する．

$\{\mathcal{M}$ の解 $z=z(x)\}$

$\Longleftrightarrow$ $\{V$ に含まれる Lagrange 部分多様体 $\Lambda$ で $\pi'|_\Lambda$ が微分同相写像となるもの$\}$

$\Longleftrightarrow$ $\{V^{(k)}$ に含まれる Lagrange 部分多様体 $\Lambda$ で $\pi'|_\Lambda$ が

微分同相写像となるもの}. ——

**注意** $V\neq\phi$ であっても，ある $k$ に対して $V^{(k)}=\phi$ となることがある．このようなとき，方程式 $\mathscr{M}$ は解を持ち得ず，$\mathscr{M}$ は**両立条件を満たさない**という．たとえば次の方程式がその例である ($V^{(2)}=\phi$ となる)．

$$\begin{cases} p_1=0, \\ p_2+z^2+{x_1}^2=0. \end{cases}$$

そこで，$V^{(0)},\cdots,V^{(j)},\cdots,V^{(n+2)}$ が点 $q\ (\in M)$ を含んでいて，各 $V^{(j)}$ が $q$ の近傍で $r_j$ 次元の多様体となっていると仮定しよう ($0\leqq j\leqq n+2$)．もし，$r_{j+1}<r_j\ (0\leqq j\leqq n+1)$ であるなら $V^{(n+2)}$ の余次元は $n+2$ 以上であるから，$q$ の近傍で $V^{(n+2)}$ に含まれる Lagrange 多様体は存在しない．逆に，$r_{k+1}=r_k$ となる $k$ が存在するならば，それは $q$ の近傍で $V^{(k)}$ が包合的であることを意味し，$V^{(k)}=V^{(k+1)}=V^{(k+2)}=\cdots$ となる．この場合，点 $q$ を通り $V^{(k)}$ に含まれる Lagrange 多様体 $\Lambda$ で，$\pi'|_\Lambda$ の階数が点 $q$ で $n$ となるものは，局所的な解に対応している．それは，$q$ の近傍 $U$ が存在して $\pi'|_{\Lambda\cap U}$ が $X$ の開集合の上への微分同相写像となることからわかる．

したがって，はじめから $V$ は包合的部分多様体である場合だけを考えればよい．もし，$\pi'|_V$ の階数が $n$ より小さいなら，定理 3.1 にいう $\Lambda$ は存在しないので，$\pi'|_V$ の階数は $n$ と仮定してよい．また，$V$ の次元が $n$，すなわち $V$ が Lagrange 多様体の場合はそれ自身が解に対応している．

$V$ の次元が $n$ より大きく，一般的な場合として $V$ が正則(定義 2.9 を見よ)である場合を考えよう．($V$ が正則でない場合は，$V$ の標準形も含めて，T. Oshima, Singularities in contact geometry and degenerate pseudo-differential equations, J. Fac. Sci. Univ. of Tokyo, **21**(1974), 43-83 で考察されている.) $V$ の余次元を $d$ とすれば，すでに見た通り(定義 1.10，定義 2.10) $V$ の点 $q$ の近傍 $U$ と，基本 1 次形式 $\omega_Y$ を持つ $2n+1-2d$ 次元接触多様体 $Y$，およびサブマーション $\varphi: V\cap U\to Y$ が存在して，

$$\varphi^*\omega_Y=c(\omega|_V) \qquad (c\in\mathscr{F}(V\cap U)),$$

$\varphi$ のファイバーは $V\cap U$ の特性体

となっている．$V$ の特性体は，$\{[f,\cdot]\mid f$ は $V$ 上で恒等的に 0 となる関数$\}$ で生成される完全積分可能な微分式系の最大 $(=d)$ 次元の積分多様体であることに注

意しておく．

このとき，$V\cap U$ に含まれる $M$ の Lagrange 多様体は，$Y$ の Lagrange 多様体の $\varphi$ による逆像として書くことができる(定理1.14)．そこで，$Y$ の Lagrange 多様体を求めればよい．

ここで，$\Lambda\,(\subset V)$ を Lagrange 多様体とするとき，十分小さな $U$ に関して $\varphi(\Lambda\cap U)$ は $Y$ の部分多様体となることに注意しよう．実際，$\Lambda\cap U\subset\varphi^{-1}\circ\varphi(\Lambda\cap U)$ だから次元の比較により $\Lambda\cap U=\varphi^{-1}\circ\varphi(\Lambda\cap U)$ となる．そこで $U$ での適当な正準座標系 $(p,z,x)$ を用いて $V\cap U=\{(p,z,x)\in U\,|\,x_1=\cdots=x_d=0\}$ と表わせば(定理2.11′)，特性体の座標である $p_1,\cdots,p_d$ は $\Lambda$ 上で独立な座標関数となる．よって，$\varphi(\Lambda\cap U)$ の定義方程式として，$\Lambda\cap U$ のそれと同じものがとれるから，$\varphi(\Lambda\cap U)$ は $Y$ の部分多様体である．

局所的に，$Y$ は $n+1-d$ 次元の多様体 $L$ の余接球バンドル $S^*L$ と接触多様体として同型であるから，$L$ の部分多様体 $W$ に対し $S_W{}^*L$ は $Y$ の Lagrange 多様体を与える．

$(y_0,\cdots,y_{n-d})$ を $L$ の局所座標系とする．たとえば，$W$ を $L$ の1点にとるならば，$n+1-d$ 個のパラメータ $(y_0,\cdots,y_{n-d})$ を持った $M$ の Lagrange 多様体の族 $\Lambda=\varphi^{-1}(S_W{}^*L)$ が得られる．また，$W=\{y_0-g(y_1,\cdots,y_{n-d})=0\}$ ととるならば，$n-d$ 変数の任意関数 $g$ を含む $\Lambda$ が得られる．

また，$A$ を $\varphi(A)$ が $Y$ の Lagrange 多様体となるような $V\cap U$ の部分多様体(したがって，$A$ は等方的となる)とすれば，$A\subset\Lambda\subset V$ となるような $\Lambda$ は $\Lambda=\varphi^{-1}\circ\varphi(A)$ として局所的に一意的に定まる．これは，$\mathcal{M}$ に対する初期値問題に相当する．

こうして，以下に見るように，偏微分方程式系 $\mathcal{M}$ は幾何学的に解かれる．

**定理 3.2** 記号は上の通りとする．すなわち，

$$V=\{(p,z,x)\in M\,|\,f_1(p,z,x)=\cdots=f_d(p,z,x)=0\},$$
$$(df_1\wedge\cdots\wedge df_d)_q\neq 0$$

と表わされ，$V$ は点 $q\,(\in V)$ で正則包合的と仮定する．このとき，点 $q$ を通り $V$ に含まれる Lagrange 部分多様体 $\Lambda$ で，$\pi'|_\Lambda$ の階数が $n$ となるものが存在するための必要十分条件は，$\pi|_V$ の $q$ での階数が $n+1$ になることである．

**証明** 上の条件が必要なことのみ示す．十分であることは，次の定理3.3ま

たは3.4からわかる.

$(p,z,x)\mapsto(p-p(q),z-z(q)-\sum_{i=1}^{n}p_i(q)(x_i-x_i(q)),x-x(q))$という接触変換を考えれば, $q$が原点$(0,0,0)$に対応しているとしてよい. $(d\pi|_V)_q$の階数が$n$以下であると仮定しよう. すると零ベクトルではない$(C_0,C_1,\cdots,C_n)\in \boldsymbol{R}^{n+1}$が存在して

$$T_qV\subset(C_0dz+C_1dx_1+\cdots+C_ndx_n)_q{}^{\perp}$$

となっていることがわかる. また, $V$は正則であるから$(C_1,\cdots,C_n)\neq 0$であることに注意しよう.

$\Lambda$を, $q\in\Lambda\subset V$を満たすLagrange多様体とする. $\Lambda$は包合的であるから$T_q\Lambda\subset\omega_q{}^{\perp}=(dz)_q{}^{\perp}$を得, また$T_q\Lambda\subset T_qV$とあわせれば, $T_q\Lambda\subset(C_1dx_1+\cdots+C_ndx_n)_q{}^{\perp}$がわかる. これは, $(d\pi'|_\Lambda)_q$の階数が$n$より小さいことを意味する. ∎

**定理3.3** $V$は定理3.2に述べた通りで, しかも$\pi|_V$の点$q$での階数が$n+1$であると仮定する. このとき, $q$の近傍$U$で定義された関数$f_{d+1},\cdots,f_{n+1}$で, $(df_1\wedge\cdots\wedge df_{n+1})_q\neq 0$を満たすものを選んで

$$\Lambda_C=\{(p,z,x)\in U\,|\,f_1(p,z,x)=\cdots=f_d(p,z,x)=0,\quad f_{d+1}(p,z,x)=C_{d+1},\cdots,f_{n+1}(p,z,x)=C_{n+1}\}$$

がLagrange部分多様体で, $\pi'|_{\Lambda_C}:\Lambda_C\to\pi'(U)$が微分同相となるようにできる. ここで, $(C_{d+1},\cdots,C_{n+1})$は$\boldsymbol{R}^{n+1-d}$の原点の近傍の元であるとする.

すなわち, $f_i=0$, $f_j=C_j$ $(1\leqq i\leqq d<j\leqq n+1)$から$(p_1,\cdots,p_n)$を消去し, $z$に関して解けば, $n+1-d$個のパラメータ$C=(C_{d+1},\cdots,C_{n+1})$を含む$\mathcal{M}$の解$z=z(x,C)$が得られる. この解$z(x,C)$を$\mathcal{M}$の**完全解**と呼ぶ.

**証明** $q$が$(0,0,0)$に対応する$M$の適当な正準座標系$(p',z',x')$を用いて, $V\cap U=\{(p',z',x')\in U\,|\,x_1'=\cdots=x_d'=0\}$と表わす(定理2.11′). $\pi|_V$の階数が$n+1$であるからrank $\partial(x_1',\cdots,x_d')/\partial(p_1,\cdots,p_n)(q)=d$で, $\omega_q=(dz-p_1dx_1-\cdots-p_ndx_n)_q=a(dz')_q$ ($a$は正数)となることから, rank $\partial(x_1',\cdots,x_d',z')/\partial(p_1,\cdots,p_n,z)(q)=d+1$がわかる. 補題2.2を用い, 定理2.6′の証明と同様の議論を行なえば, 添字の集合$J\subset\{d+1,\cdots,n\}$に対応する基本接触変換を$(p',z',x')$に対して考えることにより, 最初から$|\partial(x_1',\cdots,x_n',z')/\partial(p_1,\cdots,p_n,z)|(q)\neq 0$が成立しているとしてよい. このとき, $q$の座標近傍$U$に対し,

$$\Lambda_C=\{(p',z',x')\in U\,|\,x_1'=\cdots=x_d'=0,x_{d+1}'=C_{d+1},\cdots,x_n'=C_n,z'=C_{n+1}\}$$

とおけばよい．すなわち，$f_j=x_j'$ $(j=d+1,\cdots,n)$，$f_{n+1}=z'$ とおいた．

実際には，$V\cap U=\{x_1'(p,z,x)=\cdots=x_d'(p,z,x)=0\}$ となるような座標関数を $(dx_1'\wedge\cdots\wedge dx_d')_q\neq 0$，$[x_i',x_j']=0$ $(i,j=1,\cdots,d)$ の条件下に求め，次に $l$ に関して帰納的に方程式 $[x_i',u]=0$ $(i=1,\cdots,l)$ を，$\operatorname{rank}\partial(x_1',\cdots,x_l',u)/\partial(p_1,\cdots,p_n)=l+1$ $(l<n$ のとき$)$，または $|\partial(x_1',\cdots,x_n',u)/\partial(p_1,\cdots,p_n,z)|(q)\neq 0$ $(l=n$ のとき$)$ の条件下で求めて $x_{l+1}'=u$，または $z=u$ とすればよい．∎

**定理 3.4** $V$ は定理 3.3 の仮定を満たすとする．点 $\pi'(q)$ を含む余次元 $d$ の $X$ の部分多様体 $H$ で，$\omega|_{V\cap\pi'^{-1}(H)}$ の半類数が点 $q$ で $n-d+1$ となるものを考える．$X$ の局所座標系 $(x_1,\cdots,x_n)$ を，$H$ が $x_1=\cdots=x_d=0$ で定義されるように選べば，この条件は，$\operatorname{rank}([f_i,x_j](q))_{1\leq i,j\leq d}=d$，または，

$$\left|\frac{\partial(f_1,\cdots,f_d)}{\partial(p_1,\cdots,p_d)}\right|(q)\neq 0$$

といっても同じである．

このとき，$H$ 上の任意の関数 $h(x)$ に対し，

$$h(\pi'(q))-z(q),\qquad \left\{d\left(h-\sum_{i=1}^{n}p_i(q)(x_i|_H)\right)\right\}_{\pi'(q)}$$

がそれぞれ $\boldsymbol{R}$，$T_{\pi'(q)}{}^*H$ の原点の十分小さな近傍に属するならば，

$$\pi(\Lambda\cap\pi'^{-1}(H))=\{(z,x)\in N\,|\,x\in H,z=h(x)\}$$

を満たし，$\pi'|_\Lambda$ の階数が $n$ となる $V$ 内の Lagrange 多様体 $\Lambda$ が存在し，局所的にはただ一つに定まる．

すなわち，$\mathcal{M}$ の解 $z=z(x)$ で，$z(x)|_H=h(x)$ を満たすものが $\pi'(q)$ の近傍でただ一つ存在する．

**注意** 定理 3.4 の $H$ は必ず存在する．実際，$|\partial(f_1,\cdots,f_d)/\partial(p_{i_1},\cdots,p_{i_d})|(\pi'(q))\neq 0$ ならば，$H$ を $x_{i_1}=\cdots=x_{i_d}=0$ で定義すればよい．

**定理 3.4 の証明** 定理にあるように $X$ の局所座標系を選ぶ．$H$ に対する仮定は，

$$\begin{aligned}&(\omega^{2(n-d)+1}|_{V\cap\pi'^{-1}(H)})_q\neq 0\\ &\iff (dz\wedge dp_{d+1}\wedge\cdots\wedge dp_n\wedge dx_{d+1}\wedge\cdots\wedge dx_n|_{V\cap\pi'^{-1}(H)})_q\neq 0\\ &\iff \left|\frac{\partial(f_1,\cdots,f_d)}{\partial(p_1,\cdots,p_d)}\right|(q)\neq 0\end{aligned}$$

である．

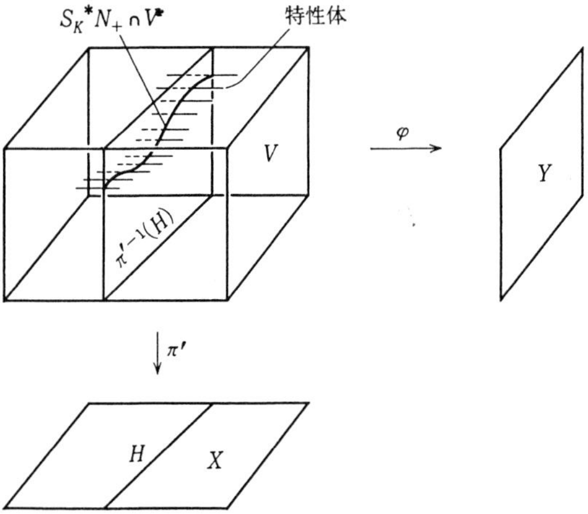


図 3.1

$K=\{(z,x)\in N\,|\,x\in H, z=h(x)\}$ とおく．$\Lambda$ がもし存在すれば，$q$ の近傍で

$$S_K{}^*N\cap V=\pi'^{-1}(H)\cap\Lambda \tag{3.1}$$

が成立するはずである．実際，$\Lambda=S_{\pi(\Lambda)}{}^*N$，$K=\pi(\Lambda\cap\pi'^{-1}(H))\subset\pi(\Lambda)$ となることから $S_K{}^*N\supset\pi'^{-1}(H)\cap\Lambda$ がわかり，よって (3.1) の左辺は (3.1) の右辺を含む．一方，両者とも $n-d$ 次元の等方的部分多様体であるから互いに等しい．

$\varphi:(V\cap U,\omega|_{V\cap U})\to(Y,\omega_Y)$ を (1.58) の写像とする．すなわち，$U$ は点 $q$ の近傍，$Y$ は $2(n-d)+1$ 次元接触多様体で，$\varphi$ のファイバーは $V$ の特性体で，それは $d$ 次元．

$$\begin{aligned}\Lambda&=\varphi^{-1}\circ\varphi(S_K{}^*N\cap V\cap U)\\&=\bigcup_{\tilde q\in S_K{}^*N\cap V\cap U}\{\tilde q\text{ を通る }V\cap U\text{ の特性体}\}\end{aligned}$$

とおいたとき，点 $\tilde q\ (\in S_K{}^*N\cap V\cap U)$ に対して

$$(d\pi')_{\tilde q}(T_{\tilde q}(S_K{}^*N\cap V)+T_{\tilde q}(\varphi^{-1}\circ\varphi(\tilde q)))=T_{\pi'(\tilde q)}X \tag{3.2}$$

がいえれば，$\pi'|_{\Lambda\cap U}$ は局所微分同相となり，$\Lambda$ が求めるものであることがわかる．

まず，$(d\pi')_{\tilde q}(T_{\tilde q}(S_K{}^*N\cap V))\ni(\partial/\partial x_{d+1})_{\pi'(\tilde q)},\cdots,(\partial/\partial x_n)_{\pi'(\tilde q)}$ は明らか．また，$V$ の特性体とは，ベクトル場 $X_i=[f_i,\cdot]\ (i=1,\cdots,d)$ で生成される微分式系の $d$ 次元積分多様体であった．したがって，

$$(d\pi')_{\tilde{q}}(T_{\tilde{q}}(\varphi^{-1}\circ\varphi(\tilde{q}))) = (d\pi')_{\tilde{q}}(\boldsymbol{R}(X_1)_q+\cdots+\boldsymbol{R}(X_d)_q)$$

となるが，仮定から $|\partial(f_1,\cdots,f_d)/\partial(p_1,\cdots,p_d)|(\tilde{q})\neq 0$ であるから（$\tilde{q}$ は $q$ に十分近い），これは $T_{\pi'(\tilde{q})}H$ を法として $(\partial/\partial x_1)_{\pi'(\tilde{q})},\cdots,(\partial/\partial x_d)_{\pi'(\tilde{q})}$ を含むことがわかる．よって，(3.2) がいえた．

最後に，$\Lambda$ が $q$ の近傍で唯一に定まることを示すため $\Lambda'$ も同様の性質を持つとする．$q$ の近傍では，$\Lambda'\supset S_K{}^*N\cap V$ より $\varphi(\Lambda')\supset\varphi(S_K{}^*N\cap V)=\varphi(\Lambda)$ を得るが，$\varphi(\Lambda')$ と $\varphi(\Lambda)$ とは共に $Y$ の Lagrange 部分多様体であるから $\varphi(\Lambda')=\varphi(\Lambda)$ となる．よって，$\Lambda'\subset\varphi^{-1}\circ\varphi(\Lambda')=\varphi^{-1}\circ\varphi(\Lambda)=\Lambda$ である．$\Lambda'$ と $\Lambda$ は $M$ の Lagrange 部分多様体であるから，局所的には両者は一致する．∎

## §3.2 いくつかの解法と例

$\boldsymbol{R}^n$ の点 $p=(\mathring{x}_1,\cdots,\mathring{x}_n)$ の近傍で定義されたベクトル場

$$X=\sum_{i=1}^{n}a_i(x)\partial/\partial x_i$$

に対し，方程式

(3.3) $$Xu=0$$

を考える．$X$ の積分曲線（$X$ で生成される微分式系の特性体）$t\mapsto(x_1(t),\cdots,x_n(t))=x(t)$ は微分方程式系

$$\frac{dx_i}{dt}(t)=a_i(x)\qquad(i=1,\cdots,n)$$

により定義されるが，$(Xu)_{x(t)}=du(x(t))/dt$ であるから (3.3) の解 $u$ は

(3.4) $$u(x_1(t),\cdots,x_n(t))=t\text{ によらない定数}$$

を満たさなくてはならない．逆に，任意の点を通る積分曲線が存在するので，任意の積分曲線 $x(t)$ に対し (3.4) が成立する関数 $u$ は (3.3) の解である．

一方，$X_p\neq 0$ ならば，定理1.6により，(3.3) の $n-1$ 個の解 $u_1,\cdots,u_{n-1}$ で，$(du_1\wedge\cdots\wedge du_{n-1})_p\neq 0$ となるものが存在する．この $u_1,\cdots,u_{n-1}$ を (3.3) の**独立解**という．これを含んで $p$ での局所座標系 $(u_1,\cdots,u_{n-1},y)$ を選ぶと，方程式 (3.3) は $\partial u/\partial y=0$ と同値だから，(3.3) の**一般解**は $n-1$ 変数の任意関数 $\varphi$ を用いて $\varphi(u_1(x),\cdots,u_{n-1}(x))$ と表わせる．

**例 3.1** $$(x_1\partial/\partial x_1+x_2\partial/\partial x_2+x_3\partial/\partial x_3+x_4\partial/\partial x_4)u=0.$$

$t=0$ のとき $(c_1, \cdots, c_4)$ を通る積分曲線は

$$\frac{dx_i}{dt}=x_i \qquad (i=1,2,3,4)$$

を解いて $(c_1e^t, c_2e^t, c_3e^t, c_4e^t)$ で与えられる．よって $\mathring{x}_1 \neq 0$ のとき，$x_2/x_1, x_3/x_1, x_4/x_1$ が独立解で，一般解は $\varphi(x_2/x_1, x_3/x_1, x_4/x_1)$ である．——

さて，$X_p \neq 0$ を仮定しよう．そのとき，たとえば $a_1(p) \neq 0$ としてよい．(あるいは，定理1.7の特殊な場合と考えたとき，$N=\{x_1=\mathring{x}_1\}$ となるように局所座標系をとれば $a_1(p) \neq 0$ となる.) さらに，(3.3) を左から $a_1(x)$ で割ることにより，$a_1(x)=1$ と仮定することができる．すると，$t=\mathring{x}_1$ のとき $(\mathring{x}_1, c_2, \cdots, c_n)$ を通る積分曲線 $(x_1(t,c), \cdots, x_n(t,c))$ は，$x_1(t,c)=t$ を満たすので，$t=x_1$，$x''=(x_2, \cdots, x_n)$ と書き直すことにより

$$(3.5) \qquad \begin{cases} \dfrac{dx_j}{dx_1}=a_j(x_1, x'') \\ x_j(\mathring{x}_1)=c_j \end{cases} \qquad (j=2, \cdots, n)$$

の解として求まる．写像 $(x_1, c_2, \cdots, c_n) \mapsto (x_1, x_2(c, x_1), \cdots, x_n(c, x_1))$ の関数行列式は点 $p$ で1となるので，逆に $c_2, \cdots, c_n$ が $x_1, \cdots, x_n$ の関数 $c_j=c_j(x)$ として求まる．$\boldsymbol{R}^n$ の点 $x=(x_1, \cdots, x_n)$ の座標系として $(x_1, c_2(x), \cdots, c_n(x))$ を用いると，積分曲線上で $c_2, \cdots, c_n$ の値は一定だから，$u$ が (3.3) の解であることと，$u$ が $c_2, \cdots, c_n$ のみの関数であることが同値であることがわかる．よって，$c_2(x), \cdots, c_n(x)$ が (3.3) の独立解となり，初期条件 $u(\mathring{x}_1, x'')=\varphi(x'')$ を満足する解は $\varphi(c_2(x), \cdots, c_n(x))$ により与えられる．

一般に，$(t, c_2, \cdots, c_n) \mapsto (x_1(t,c), \cdots, x_n(t,c))$ という写像で $(c_2, \cdots, c_n)$ を止めて $t$ を動かすとそれは $X$ で生成された微分式系の特性体を与え，$(t, c_2, \cdots, c_n)$ に対する $(x_1(c,t), \cdots, x_n(c,t))$ の関数行列式が0でないものが構成されたとする．このとき，逆写像を考えることにより $(t, c_2, \cdots, c_n)$ が $x \in \boldsymbol{R}^n$ の座標系とみなせ，

$$(t, c_2, \cdots, c_n) \longmapsto (c_2, \cdots, c_n)$$

という写像は，(1.58) の写像になっている．よって，$c_2(x), \cdots, c_n(x)$ が独立解で，一般解は $\varphi(c_2(x), \cdots, c_n(x))$ と表わせる．これがわかれば，与えられた初期条件を満たす解も容易にわかる．

**例 3.2** 例3.1の方程式を

$$(\partial/\partial x_1+x_2/x_1\cdot\partial/\partial x_2+x_3/x_1\cdot\partial/\partial x_3+x_4/x_1\cdot\partial/\partial x_4)u=0$$

と表わし，微分方程式

$$\frac{dx_j}{dx_1}=\frac{x_j}{x_1}\qquad (j=2,3,4) \tag{3.6}$$

を，$x_j(\mathring{x}_1)=c_j$ という初期条件で解いて，$x_j=c_jx_1/\mathring{x}_1$ を得る．$c_j=\mathring{x}_1x_j/x_1$ $(j=2,3,4)$ であるから，これらが独立解で，初期条件 $u(\mathring{x}_1,x_2,x_3,x_4)=\varphi(x_2,x_3,x_4)$ を満たす解は $\varphi(\mathring{x}_1x_2/x_1,\mathring{x}_1x_3/x_1,\mathring{x}_1x_4/x_1)$ で与えられる．

また，$x_j=c_jx_1$ が(3.6)の一般解で，それにより独立解が $x_j/x_1$ $(j=2,3,4)$ であることがわかる．

この例のベクトル場で生成される1次元微分式系は，Pfaff 方程式

$$\frac{dx_1}{x_1}=\frac{dx_2}{x_2}=\frac{dx_3}{x_3}=\frac{dx_4}{x_4}$$

で定義されることに注意しよう．——

次に，$p=(\mathring{x}_1,\cdots,\mathring{x}_n)$ の近傍で定義された $r$ 個のベクトル場

$$X_k=\sum_{i=1}^n a_i{}^k(x)\partial/\partial x_i\qquad (k=1,\cdots,r)$$

に対し，連立方程式

$$X_ku=0\qquad (k=1,\cdots,r) \tag{3.7}$$

を考える．その場合，

$$X=\sum_{k=1}^r(s_k-\mathring{x}_k)X_k$$

とおき，すべての $s=(s_1,\cdots,s_r)\in \boldsymbol{R}^r$ に対し(3.3)を満たすものが $u$ だと考えれば前と同様の議論ができる．

さて，$X_1,\cdots,X_r$ が $r$ 次元の微分式系 $\mathscr{D}$ を生成し，さらに $\mathscr{D}$ が完全積分可能であると仮定しよう．このとき，(3.7)は**完全系**であるという．(定理1.7の直後の議論から，完全系のときのみを考えれば十分であることがわかる.) すると，たとえば $(a_i{}^k(x))_{1\leq i\leq r,1\leq k\leq r}$ の行列式が点 $p$ の近傍で0にならないと仮定でき，その逆行列をかけることにより

$$X_k=\partial/\partial x_k+\sum_{j=r+1}^n a_j{}^k(x)\partial/\partial x_j\qquad (k=1,\cdots,r) \tag{3.8}$$

という形をしていると仮定してよい．$[X_k,X_l]$ は，$i=1,\cdots,r$ に対し $\partial/\partial x_i$ の係

数が0であることに注意すれば，$\mathcal{D}$ が完全積分可能であることは，$[X_k, X_l]=0$ を意味する．これを具体的に書けば，

$$\frac{\partial a_j{}^l}{\partial x_k}+\sum_{i=r+1}^{n} a_i{}^k\frac{\partial a_j{}^l}{\partial x_i}=\frac{\partial a_j{}^k}{\partial x_l}+\sum_{i=r+1}^{n} a_i{}^l\frac{\partial a_j{}^k}{\partial x_i} \tag{3.9}$$

$$(j=r+1, \cdots, n;\ k, l=1, \cdots, r)$$

となることがわかる．このとき，(3.8)を **Jacobi の標準形**という．

$t=0$ のとき $(\mathring{x}_1, \cdots, \mathring{x}_r, c_{r+1}, \cdots, c_n)$ を通る $X$ の積分曲線 $(x_1(s,t,c), \cdots, x_n(s,t,c))$ は，$x_k(s,t,c)=(s_k-\mathring{x}_k)t+\mathring{x}_k$ $(k=1, \cdots, r)$ を満たすので，$t=1$ とおくことにより $s$ と $x'$ を同一視でき，$(x', c)$ の関数 $x_j''(x', c)=x_j''(x', 1, c)$ は

$$\begin{cases} \dfrac{dx_j''}{dt}=\displaystyle\sum_{k=1}^{r}(x_k'-\mathring{x}_k)a_j{}^k((x'-\mathring{x}')t+\mathring{x}', x''), \\ x_j''|_{t=0}=c_j \qquad\qquad (j=r+1, \cdots, n) \end{cases} \tag{3.10}$$

の解に $t=1$ を代入して定義される．ただし，ここで $x'=(x_1', \cdots, x_r')=(x_1, \cdots, x_r)$，$x''=(x_{r+1}'', \cdots, x_n'')=(x_{r+1}, \cdots, x_n)$，$(x'-\mathring{x}')t+\mathring{x}'=((x_1'-\mathring{x}_1)t+\mathring{x}_1, \cdots, (x_r'-\mathring{x}_r)t+\mathring{x}_r)$ とおいた．十分小さな正数 $\varepsilon$ に対し，(3.10)の解 $x_j''(x', t, c)$ は，$|t|<2\varepsilon$，$|x_k'-\mathring{x}_k|<\varepsilon$，$|c_i-\mathring{x}_i|<\varepsilon$ $(1\leqq k\leqq r<i\leqq n)$ を満足する範囲で存在する．一方，

$$x_j''((x'-\mathring{x}')\varepsilon^{-1}+\mathring{x}', \varepsilon t, c)=x_j''(x', t, c)$$

となる．それは，(3.10)の解はただ一つしかないが両辺ともその解であることからわかる．よって，$|t|<2$, $|x_k-\mathring{x}_k|<\varepsilon^2$, $|c_i-\mathring{x}_i|<\varepsilon$ なら解 $x_j''(x', t, c)$ が存在することがわかり，$(\mathring{x}', c)$ が点 $p$ に近ければ $x_j''(x', c)=x_j''(x', 1, c)$ が定義できる．

次に，これらの関数 $x_j''(x', c)$ が

$$\begin{cases} \dfrac{\partial x_j''}{\partial x_k'}(x', c)=a_j{}^k(x', x'') \\ x_j''(\mathring{x}', c)=c_j \end{cases} \qquad (1\leqq k\leqq r<j\leqq n) \tag{3.11}$$

のただ一つの解となっていることを示す．(3.10)の解に対し(3.9)を用いれば，$y_l=(x_l'-\mathring{x}_l)t+\mathring{x}_l$，$y=(y_1, \cdots, y_r)$ とおいて

$$\frac{\partial}{\partial t}\left(\frac{\partial x_j''}{\partial x_k'}-ta_j{}^k(y, x'')\right)=\frac{\partial}{\partial x_k'}\frac{\partial x_j''}{\partial t}-a_j{}^k(y, x'')-t\sum_{l=1}^{r}(x_l'-\mathring{x}_l)$$
$$\times\left(\frac{\partial a_j{}^k(y, x'')}{\partial y_l}+\sum_{i=r+1}^{n} a_i{}^l(y, x'')\frac{\partial a_j{}^k(y, x'')}{\partial x_i''}\right)$$

$$
\begin{aligned}
&= t\sum_{l=1}^{r}(x_l'-\mathring{x}_l)\frac{\partial a_j{}^l(y,x'')}{\partial y_k}+\sum_{l=1}^{r}(x_l'-\mathring{x}_l)\sum_{i=r+1}^{n}\frac{\partial x_i''}{\partial x_k'}\frac{\partial a_j{}^l(y,x'')}{\partial x_i''}\\
&\quad -t\sum_{l=1}^{r}(x_l'-\mathring{x}_l)\left(\frac{\partial a_j{}^l(y,x'')}{\partial y_k}+\sum_{i=r+1}^{n}a_i{}^k(y,x'')\frac{\partial a_j{}^l(y,x'')}{\partial x_i''}\right)\\
&= \sum_{i=r+1}^{n}\left(\sum_{l=1}^{r}(x_l'-\mathring{x}_l)\frac{\partial a_j{}^l(y,x'')}{\partial x_i''}\right)\left(\frac{\partial x_i''}{\partial x_k'}-ta_i{}^k(y,x'')\right)
\end{aligned}
$$

を得る．よって，$(x',t,c)$ の関数 $\partial x_j''/\partial x_k'-ta_j{}^k(y,x'')$ は $t$ に関する連立の線型常微分方程式を満足するが，$t=0$ において $0$ になるので，初期値問題に関する解の一意性から，それは恒等的に $0$ である．特に $t=1$ とおけば，$x_j''(x',c)$ が (3.10) の解であることがわかる．逆に (3.11) の解 $x_j''(x',c)$ に対し，$x_j''(x',t,c)=x_j''((x'-\mathring{x}')t+\mathring{x}',c)$ とおけば，それが (3.10) を満たすことは明らか．(3.10) の解はただ一つしか存在しないので，(3.11) の解の一意性も言える．

さて，(3.11) の解を求めるということは，(初期条件を忘れれば)

$$
(3.12)\qquad dx_j''=\sum_{k=1}^{r}a_j{}^k(x)dx_k'\qquad (j=r+1,\cdots,n)
$$

が恒等的に成立するように $(x_1',\cdots,x_r')$ の関数として $x_j''\,(j=r+1,\cdots,n)$ を決めよということと同じである．このように考えたとき (3.12) を**連立全微分方程式**と呼ぶ．いま示したように，(3.9) が満たされるなら (3.11) にある初期条件をとる (3.12) の解がただ一つ存在する．写像 $(x',c)\mapsto(x',x''(x',c))$ の関数行列式は点 $p$ で $1$ だから，逆に $c_j=c_j(x)\ (j=r+1,\cdots,n)$ と解け，$(x',c(x))$ が局所座標系に選べる．ここで，Pfaff 方程式 (3.12) で定義される微分式系が $\mathscr{D}$ にほかならないことに注意しよう．すると $\{c_{r+1}(x)=一定,\cdots,c_n(x)=一定\}$ で定義される多様体は $\mathscr{D}$ の $r$ 次元積分多様体すなわち特性体となることがわかる．よって，$c_{r+1}(x),\cdots,c_n(x)$ が (3.7) の独立解で，一般解は $n-r$ 変数の任意関数 $\varphi$ を用いて $\varphi(c_{r+1}(x),\cdots,c_n(x))$ と書ける．これは，初期条件 $u(\mathring{x}',x'')=\varphi(x'')$ を満たす (3.7) のただ一つの解である (定理 1.7 を参照せよ)．

一般に，$n-r$ 個の任意定数 $c=(c_{r+1},\cdots,c_n)$ を持つ (3.12) の解 $x_{r+1}''(x',c),\cdots,x_n''(x',c)$ で，任意定数に関する関数行列式が $0$ でないものが得られれば，それを用いて独立解および一般解がいま述べた方法で求まる．

$\boldsymbol{R}^r$ の点 $\mathring{x}'$ を $x'$ に結ぶ曲線 $\lambda:[0,1]\ni t\mapsto\lambda(t)=(\lambda_1(t),\cdots,\lambda_r(t))$ を与えたとき，(3.11) の解 $x_j''(x',c)$ に対し $\tilde{x}_j(t,c)=x_j''(\lambda(t),c)$ とおくと，$\tilde{x}_j$ は

$$(3.13)\qquad \begin{cases} \dfrac{d\tilde{x}_j}{dt} = \displaystyle\sum_{k=1}^{r} \dfrac{d\lambda_k(t)}{dt} a_j{}^k(\lambda(t), \tilde{x}) \\ \tilde{x}_j(0) = c_j \end{cases} \qquad (j=r+1, \cdots, n)$$

を満たすので，逆に(3.13)を解いて $t=1$ とおくことにより $x_j''(x', c)$ を求めることができる．この $\lambda$ としてたとえば，$\mathring{x}'$ と $x'$ を結ぶ線分とか，または $(x_1', \cdots, x_{k-1}', \mathring{x}_k, \cdots, \mathring{x}_r)$ と $(x_1', \cdots, x_k', \mathring{x}_{k+1}, \cdots, \mathring{x}_r)$ を結ぶ線分 $(k=1, \cdots, r)$ をつないで得られる折線などが考えられる．前者の場合(3.13)はすでに述べた(3.10)になる．後者の場合は次のようになる．まず，常微分方程式

$$\begin{cases} \dfrac{dx_j''}{dx_1'} = a_j{}'(x_1', \mathring{x}_2, \cdots, \mathring{x}_r, x'') \\ x_j''(\mathring{x}_1) = c_j \end{cases} \qquad (j=r+1, \cdots, n)$$

の解($X_1$ の積分曲線に対応する)を求めると，その解は $x_j''(x_1', \mathring{x}_2, \cdots, \mathring{x}_r, c)$ となる．次に $x_1'$ をパラメータとみて

$$\begin{cases} \dfrac{dx_j''}{dx_2'} = a_j{}^2(x_1', x_2', \mathring{x}_3, \cdots, \mathring{x}_r, x'') \\ x_j''(\mathring{x}_2) = x_j''(x_1', \mathring{x}_2, \cdots, \mathring{x}_r, c) \end{cases} \qquad (j=r+1, \cdots, n)$$

の解($X_2$ の積分曲線に対応)を求めると，それは $x_j''(x_1', x_2', \mathring{x}_3, \cdots, \mathring{x}_r, c)$ である．これを $r$ 回続ければ $x_j''(x', c)$ が求まる．

もとの方程式の解を求めるには，全微分方程式(3.12)の一般解がわかればよいが，それには次のような方法もある．まず，$(x_2', \cdots, x_r')$ をパラメータとみて常微分方程式

$$\frac{dx_j''}{dx_1'} = a_j(x) \qquad (j=r+1, \cdots, n)$$

を考えると，その一般解が $n-r$ 個の任意関数 $\varphi_{r+1}(x_2', \cdots, x_r'), \cdots, \varphi_n(x_2', \cdots, x_r')$ を含んだ形で求まる．次に，$x_1', x_3', \cdots, x_r'$ をパラメータとみて，いま求めた解 $x_j''$ を方程式 $dx_j''/dx_2' = a_j(x)$ $(j=r+1, \cdots, n)$ に代入し，$\varphi_i$ $(i=r+1, \cdots, n)$ の満たす方程式を求めれば，その一般解が任意関数 $\psi_{r+1}(x_3', \cdots, x_r'), \cdots, \psi_n(x_3', \cdots, x_r')$ を含んだ形で得られる．これを続ければ，$n-r$ 個の任意定数をもつ(3.12)の解が得られる．

また，(3.7)の解を求めるのに，定理1.6の証明に近い方法で，次のように考えてもよい．まず，単独の方程式 $X_1u=0$ の独立解 $u_2(x), \cdots, u_n(x)$ を求める．

次に，$n-1$ 変数の未知関数 $u$ に対する方程式

$$X_k u(u_2(x), \cdots, u_n(x)) = 0 \qquad (k=2, \cdots, n)$$

を考えると，これは変数の数が一つ減った(3.7)の形の方程式と考えられる．これを順次続けていけば，もとの方程式の解が得られる．この方法は，$X_1, \cdots, X_r$ の生成する微分式系が完全積分可能でない場合も有効である．

**例 3.3**
$$\begin{cases} (x_1\partial/\partial x_1 + x_2\partial/\partial x_2 + x_3\partial/\partial x_3 + x_4\partial/\partial x_4)u = 0, \\ (x_1{}^2\partial/\partial x_1 + x_2{}^2\partial/\partial x_2 + x_3{}^2\partial/\partial x_3 + x_4{}^2\partial/\partial x_4)u = 0. \end{cases}$$

これは完全系で，書き直すと，

$$\begin{cases} \dfrac{\partial u}{\partial x_1} + \dfrac{x_3(x_2-x_3)}{x_1(x_2-x_1)}\dfrac{\partial u}{\partial x_3} + \dfrac{x_4(x_2-x_4)}{x_1(x_2-x_1)}\dfrac{\partial u}{\partial x_4} = 0, \\ \dfrac{\partial u}{\partial x_2} + \dfrac{x_3(x_1-x_3)}{x_2(x_1-x_2)}\dfrac{\partial u}{\partial x_3} + \dfrac{x_4(x_1-x_4)}{x_2(x_1-x_2)}\dfrac{\partial u}{\partial x_4} = 0 \end{cases}$$

となり，対応する全微分方程式は

$$\begin{cases} dx_3 = \dfrac{x_3(x_2-x_3)}{x_1(x_2-x_1)}dx_1 + \dfrac{x_3(x_1-x_3)}{x_2(x_1-x_2)}dx_2, \\ dx_4 = \dfrac{x_4(x_2-x_4)}{x_1(x_2-x_1)}dx_1 + \dfrac{x_4(x_1-x_4)}{x_2(x_1-x_2)}dx_2 \end{cases}$$

で与えられる．これを解くため，$x_2$ をパラメータとみて

$$\frac{dx_j}{dx_1} = \frac{x_j(x_2-x_j)}{x_1(x_2-x_1)} \qquad (j=3, 4)$$

の一般解を求めると

$$x_j = \frac{x_1x_2}{x_1+(x_2-x_1)\varphi_j(x_2)} \qquad (j=3, 4)$$

を得る．$\varphi_3, \varphi_4$ は $x_2$ の任意関数である．求めた $x_j$ を

$$\frac{dx_j}{dx_2} = \frac{x_j(x_1-x_j)}{x_2(x_1-x_2)} \qquad (j=3, 4)$$

に代入すると，方程式 $d\varphi_j/dx_2=0$ $(j=3, 4)$ を得るので $\varphi_j$ は定数となり，全微分方程式の一般解は

$$x_j = \frac{x_1x_2}{x_1+(x_2-x_1)c_j} \qquad (j=3, 4)$$

であることがわかる．$c_j$ に関して解けば

$$c_3=\frac{x_1(x_2-x_3)}{x_3(x_2-x_1)},\qquad c_4=\frac{x_1(x_2-x_4)}{x_4(x_2-x_1)}$$

となり，この二つがもとの方程式の独立解で，一般解はそれらの任意関数となる．

**例 3.4**
$$\begin{cases}(\partial/\partial x_1+\partial/\partial x_2+\partial/\partial x_3+\partial/\partial x_4)u=0,\\(x_1{}^2\partial/\partial x_1+x_2{}^2\partial/\partial x_2+x_3{}^2\partial/\partial x_3+x_4{}^2\partial/\partial x_4)u=0.\end{cases}$$

第1の方程式の独立解として，$x_2-x_1$，$x_3-x_1$，$x_4-x_1$ を得る．よって，$y_1=x_1$，$y_j=x_j-x_1$ $(j=2,3,4)$ とおくと，解 $u$ は $u(y_2,y_3,y_4)$ の形をしていなければならない．$(y_1,\cdots,y_4)$ を変数にとると，第1の方程式は $\partial u/\partial y_1=0$ で，第2の方程式は，$u$ が $y_1$ によらないから

$$-y_1{}^2\left(\frac{\partial u}{\partial y_2}+\frac{\partial u}{\partial y_3}+\frac{\partial u}{\partial y_4}\right)+(y_1+y_2)^2\frac{\partial u}{\partial y_2}+(y_1+y_3)^2\frac{\partial u}{\partial y_3}+(y_1+y_4)^2\frac{\partial u}{\partial y_4}=0$$

となる．再び，$u$ が $y_1$ によらないことに注意すれば

$$\begin{cases}(y_2\partial/\partial y_2+y_3\partial/\partial y_3+y_4\partial/\partial y_4)u=0,\\(y_2{}^2\partial/\partial y_2+y_3{}^2\partial/\partial y_3+y_4{}^2\partial/\partial y_4)u=0\end{cases}$$

を得る．この方程式の独立解は例3.3からすぐわかるが，ここでは別の方法を用いよう．$z_2=y_2$，$z_3=y_3/y_2$，$z_4=y_4/y_2$ とおくと，$z_3, z_4$ が上の第1の方程式の独立解だから $u=u(z_3,z_4)$ とおけ，第2の方程式に代入すれば

$$(z_3{}^2-z_3)\frac{\partial u}{\partial z_3}+(z_4{}^2-z_4)\frac{\partial u}{\partial z_4}=0$$

を得る．対応する特性体を定義する方程式

$$\frac{dz_4}{dz_3}=\frac{(z_4{}^2-z_4)}{(z_3{}^2-z_3)}$$

を解くと，$z_4/(z_4-1)=cz_3/(z_3-1)$ となる．よって，

$$c=\frac{z_4(z_3-1)}{z_3(z_4-1)}=\frac{y_4(y_3-y_2)}{y_3(y_4-y_2)}=\frac{(x_4-x_1)(x_3-x_2)}{(x_3-x_1)(x_4-x_2)}$$

が独立解で，一般解はそれの任意関数である．

変数 $(y_2,y_3,y_4)$ を用いて方程式を書き直したとき，もとの第2の方程式から二つの独立な方程式が得られた．これはもとの方程式が完全系でないことを意味している．実際，$[\partial/\partial x_1+\partial/\partial x_2+\partial/\partial x_3+\partial/\partial x_4,\ x_1{}^2\partial/\partial x_1+x_2{}^2\partial/\partial x_2+x_3{}^2\partial/\partial x_3+x_4{}^2\partial/\partial x_4]=2(x_1\partial/\partial x_1+x_2\partial/\partial x_2+x_3\partial/\partial x_3+x_4\partial/\partial x_4)$ となる．よって，特に例3.4

の解は例3.3の解であることがわかる．——

次に，前節で扱った1階偏微分方程式系

$$f_i(p, z, x) = 0 \qquad (i=1, \cdots, r) \tag{3.14}$$

を考えよう．関数 $z(x)$ が(3.14)の解ならば，$[f_i, f_j](p, z, x)=0$ も満たされる．よって，変数 $(p, z, x)$ の作る $2n+1$ 次元接触多様体の中で，(3.14)で定義される余次元 $r$ の部分多様体 $V$ が包合的である場合を考えれば十分である(前節および章末の問題1を参照せよ)．この場合(3.14)は**包合系**であるという．

さて，(3.14)が包合系であって，変数 $(p_1, \cdots, p_r)$ に対する $f_1, \cdots, f_r$ の関数行列式が消えていなければ，$n-r$ 変数の関数 $\varphi$ を与えることにより，$z|_{x_1=\cdots=x_r=0}=\varphi(x_{r+1}, \cdots, x_n)$ という初期条件で解がただ一つに決まる(定理3.4を見よ)．これは(3.14)の一般解として $n-r$ 変数の任意関数を含むものが存在することを意味している．さらに

$$\varphi(x_{r+1}, \cdots, x_n) = \varphi_0(x_{n+1-m}, \cdots, x_n) + \sum_{l=1}^{n-m-r} x_{r+l}\varphi_l(x_{n+1-m}, \cdots, x_n)$$

とおけば，$m$ 変数の任意関数を $n-m-r+1$ 個含む解が得られる．$m=1, \cdots, n-r$ のとき，その解を一般解といい，$m=0$ のときは，次の定義で述べる完全解である．

**定義 3.1**　$n+1-r$ 個の任意定数 $c=(c_{r+1}, \cdots, c_{n+1})$ を含む包合系(3.14)の解 $z=u(x, c)$ が**完全解**であるとは，次の関数行列の階数が $n+1-r$ に等しいときをいう．

$$\begin{vmatrix} \dfrac{\partial u}{\partial c_{r+1}} & \dfrac{\partial^2 u}{\partial x_1 \partial c_{r+1}} & \cdots & \dfrac{\partial^2 u}{\partial x_n \partial c_{r+1}} \\ & \cdots\cdots\cdots & & \\ \dfrac{\partial u}{\partial c_{n+1}} & \dfrac{\partial^2 u}{\partial x_1 \partial c_{n+1}} & \cdots & \dfrac{\partial^2 u}{\partial x_n \partial c_{n+1}} \end{vmatrix}. \qquad \text{——}$$

上に述べた $m=0$ のときの例や，定理3.3で作った解はこの定義の意味で完全解であることが容易にわかる．いま一般解から完全解を構成したが，逆に完全解がわかれば，それから一般解を作ることができる．そのことをまず幾何学的に考察してみよう．

(3.14)で定義される部分多様体 $V$ が正則包合的であるとき，必要なら $f_i$ をと

りかえて，$[f_i, f_j]=0\ (i, j=1, \cdots, r)$ が成立していると仮定してよい(定理 2.11′)．定理 3.3 で，$M$ 上の関数 $f_k\ (k=r+1, \cdots, n+1)$ を

$$[f_i, f_j] = 0 \qquad (i, j=1, \cdots, n+1) \tag{3.15}$$

が成立し，$df_1, \cdots, df_{n+1}$ が各点で独立になるように選び，次式

$$f_i = 0 \quad (i=1, \cdots, r), \qquad f_k = c_k \quad (k=r+1, \cdots, n)$$

から $p$ を消去して $z$ に関し解くことにより，完全解 $z=u(x, c_{r+1}, \cdots, c_{n+1})$ を構成した．そこで，

$$f_j(p, z, x) = c_j \qquad (j=1, \cdots, n+1) \tag{3.16}$$

から $p$ を消去して $z$ に関して解いた式を $z=u(x, c_1, \cdots, c_{n+1})$ とおく．換言すれば，(3.16) で定義される Lagrange 部分多様体 $\Lambda_c$ の $(z, x)$ 空間への射影が，$z=u(x, c_1, \cdots, c_{n+1})$ で定義される超曲面で，その余法球バンドルが $\Lambda_c$ である．この関数 $u(x, c_1, \cdots, c_r, c_{r+1}, \cdots, c_{n+1})$ は，$(c_1, \cdots, c_r) \in \boldsymbol{R}^r$ をパラメータにもつ完全系

$$f_i(p, z, x) = c_i \qquad (i=1, \cdots, r) \tag{3.17}$$

の完全解とみることもできる．

いま，$\partial u/\partial c_{n+1}$ が正であると仮定すると，$x_i'=f_i\ (i=1, \cdots, n)$，$z'=f_{n+1}$ を満たす接触変換 $(p, z, x) \mapsto (p', z', x')$ がただ一つ存在し，$z-u(x, x', z')$ がその母関数となることがわかる(定理 2.9, 89 ページの注意)．一般に次の定理が成立するので，以下定義 3.1 の完全解を考える．

**定理 3.5** (3.17) がパラメータ $(c_1, \cdots, c_r) \in \boldsymbol{R}^r$ をもつ包合系で，$u(x, c_1, \cdots, c_r, c_{r+1}, \cdots, c_{n+1})$ は任意定数 $(c_{r+1}, \cdots, c_{n+1})$ をもつその完全解とする．必要なら $c_{r+1}, \cdots, c_{n+1}$ の符号と添字を入れ換えて，$\partial u/\partial c_{n+1}$ が正であると仮定してよい．このとき関数行列式

$$\begin{vmatrix} \dfrac{\partial u}{\partial c_1} & \dfrac{\partial^2 u}{\partial x_1 \partial c_1} & \cdots & \dfrac{\partial^2 u}{\partial x_n \partial c_1} \\ & \cdots\cdots\cdots & & \\ \dfrac{\partial u}{\partial c_{n+1}} & \dfrac{\partial^2 u}{\partial x_1 \partial c_{n+1}} & \cdots & \dfrac{\partial^2 u}{\partial x_n \partial c_{n+1}} \end{vmatrix} \tag{3.18}$$

は 0 にならず，$z-u(x, x_1', \cdots, x_n', z')$ は接触変換 $(p, z, x) \mapsto (p', z', x')$ の母関数を定義する．また，(3.17) で定義される包合的部分多様体は

(3.19)
$$x_i' = c_i \qquad (i=1, \cdots, r)$$

で定義されるものに変換され，基本1次形式は

(3.20)
$$\omega = \sum_{i=1}^{n} \frac{\partial u(x, x', z')}{\partial x_i'} dx_i' + \frac{\partial u(x, x', z')}{\partial z'} dz'$$

と表わせる.

**証明**　関数 $u(x, c)$ と $f_i(p, z, x)$ に関する恒等式

$$f_i\left(\frac{\partial u}{\partial x_1}, \cdots, \frac{\partial u}{\partial x_n}, u, x\right) = c_i \qquad (i=1, \cdots, r)$$

を，$c_j$ に関して偏微分すれば

$$\sum_{k=1}^{n} \frac{\partial f_i}{\partial p_k}\left(\frac{\partial u}{\partial x_1}, \cdots, \frac{\partial u}{\partial x_n}, u, x\right)\frac{\partial^2 u}{\partial x_k \partial c_j} + \frac{\partial f_i}{\partial z}\left(\frac{\partial u}{\partial x_1}, \cdots, \frac{\partial u}{\partial x_n}, u, x\right)\frac{\partial u}{\partial c_j} = \delta_{ij}$$
$$(i=1, \cdots, r\,;\ j=1, \cdots, n+1)$$

を得る．これと完全解の定義とから (3.18) が 0 にならないことがわかる．定理の残りの部分は 89 ページの注意から明らか. ∎

(3.17) の解は (3.17) で定義される部分多様体に含まれる Lagrange 多様体 $\Lambda$ に対応しているが，射影 $(p', z', x') \mapsto x'$ を $\Lambda$ に制限した写像の階数が一定で $m$ であると仮定し ($m=0, 1, \cdots, n+1-r$)，その像を $Z$ とおくと，$\Lambda$ は $Z$ の余接球バンドルとして表わせる．$Z$ は $m$ 次元多様体なので，$x_{n+1}'=z'$ とおいて必要なら $x_{r+1}', \cdots, x_{n+1}'$ の添字を入れ換えることにより

(3.21)
$$x_i' = c_i, \qquad x_{r+l}' = \varphi_l(x_{n+2-m}', \cdots, x_{n+1}')$$
$$(i=1, \cdots, r\,;\ l=1, \cdots, n-m-r+1)$$

と定義される．逆に，$m$ 変数の関数 $\varphi_l$ を $n-m-r+1$ 個与えて (3.21) により $Z$ を定義し，さらにその余接球バンドルで $\Lambda$ を定義すると，$\Lambda$ 上では

(3.22)
$$\sum_{k=r+1}^{n+1} \frac{\partial u(x, x')}{\partial x_k'} dx_k' = 0$$

が成立している．この $\Lambda$ 上に射影 $(p, z, x) \mapsto x$ を制限した写像の階数がもし $n$ であるならば，$\Lambda$ は (3.17) の解に対応する．この場合，$x=(x_1, \cdots, x_n)$ が $\Lambda$ の局所座標系にとれるから，$\Lambda$ 上では $x_j'$ も $x$ の関数として表わせることに注意しておく．このようにして任意関数 $\varphi_l$ を含む解が構成される．これをもう少し具体的に述べよう.

包合系(3.14)の完全解 $u(x, c_{r+1}, \cdots, c_{n+1})$ が与えられたとする．このとき，

$$(3.23)\qquad p_j = \frac{\partial u}{\partial x_j}(x, c_{r+1}, \cdots, c_{n+1}) \qquad (j=1, \cdots, n)$$

および $z=u(x, c_{r+1}, \cdots, c_{n+1})$ を(3.14)に代入すると，変数 $(x, c_{r+1}, \cdots, c_{n+1})$ をもつ恒等式が得られる．$(c_{r+1}, \cdots, c_{n+1})$ は任意定数であったから，たとえそれらが $x$ の関数であったとしても，$u$ の $x_j$ に関する偏導関数が(3.23)で与えられるなら，$u$ は(3.14)の解である．このための条件は，容易にわかるように，(3.22)の $x_k'$ を $c_k$ に代えた

$$(3.22)'\qquad \sum_{k=r+1}^{n+1} \frac{\partial u}{\partial c_k} dc_k = 0$$

である．$x$ の関数 $c_{r+1}, \cdots, c_{n+1}$ のうち，$c_{n+2-m}, \cdots, c_{n+1}$ が独立(すなわち，$dc_{n+2-m}, \cdots, dc_{n+1}$ が各点で1次独立)であって，他の関数は

$$(3.24)\qquad c_{r+l} = \varphi_l(c_{n+2-m}, \cdots, c_{n+1}) \qquad (l=1, \cdots, n-m-r+1)$$

と表わされている場合を考えよう．このとき(3.22)′は

$$(3.22)''\qquad \frac{\partial u}{\partial c_k} + \sum_{l=1}^{n-m-r+1} \frac{\partial u}{\partial c_{r+l}} \frac{\partial \varphi_l}{\partial c_k} = 0 \qquad (k=n+2-m, \cdots, n+1)$$

と同値になる．逆に，$n-m-r+1$ 個の $m$ 変数関数 $\varphi_l$ を与え，(3.24)により $c_{r+1}, \cdots, c_{n+1-m}$ を $c_{n+2-m}, \cdots, c_{n+1}$ で表わして(3.22)″に代入する．すると $m$ 個の未知関数に対する $m$ 個の関係式を得るが，(たとえば陰関数定理を用い)その関係式を成立させる $x$ の関数 $c_{n+2-m}(x), \cdots, c_{n+1}(x)$ が求まれば $c_{r+1}(x), \cdots, c_{n+1-m}(x)$ を(3.24)によって定めることにより，任意関数 $\varphi_l$ を含む(3.14)の解が得られる．数 $m$ に応じて次のような場合がある．

(i) $m=0$ のとき．$c_{r+1}, \cdots, c_{n+1}$ はすべて定数であって，これは完全解自身になる．

(ii) $m=n+1-r$ のとき．$\partial u/\partial c_{r+1} = \cdots = \partial u/\partial c_{n+1} = 0$ から $c_{r+1}(x), \cdots, c_{n+1}(x)$ を求めることにより解 $u(x, c_{r+1}(x), \cdots, c_{n+1}(x))$ が得られる．これは必ずしも可能とは限らないが(例3.6を見よ)，このようにして求まった解を**特異解**という．

(iii) $m=1, \cdots, n-r$ のとき．$n-m-r+1$ 個の $m$ 変数関数 $\varphi_l$ を含む一般解が得られる．

次に，完全解が容易に求まる方程式の例を挙げよう．

**例 3.5**（**Clairaut の微分方程式**）

$$z = p_1x_1 + \cdots + p_nx_n + g(p).$$

この方程式の完全解は

$$u = c_1x_1 + \cdots + c_nx_n + g(c)$$

により与えられる．この方程式は Legendre 変換により，$z' = g(x')$ に変換されることに注意しよう．$n=2$ のとき一般解は

$$\begin{cases} u = cx_1 + \varphi(c)x_2 + g(c, \varphi(c)), \\ 0 = x_1 + \varphi'(c)x_2 + \dfrac{\partial g}{\partial p_1}(c, \varphi(c)) + \varphi'(c)\dfrac{\partial g}{\partial p_2}(c, \varphi(c)) \end{cases}$$

によって与えられ，特異解は

$$\begin{cases} u = c_1x_1 + c_2x_2 + g(c_1, c_2), \\ x_1 = -\dfrac{\partial g(c_1, c_2)}{\partial c_1}, \quad x_2 = -\dfrac{\partial g(c_1, c_2)}{\partial c_2} \end{cases}$$

から得られる．たとえば，$g(p_1, p_2) = p_1{}^2 + p_2{}^2$ のとき特異解は $u = -(x_1{}^2 + x_2{}^2)/4$ で，これは $(z, x_1, x_2)$ 空間において二つのパラメータをもつ完全解の作る平面の包絡面となっている．

**例 3.6**（**変数分離形**）　$f(g_1(p_1, x_1), \cdots, g_n(p_n, x_n)) = 0.$

$f$ は $n$ 変数関数で $f(c_1, \cdots, c_n) = 0$ が $c_n$ に関し $c_n = c_n(c_1, \cdots, c_{n-1})$ と解け，$g_i(p_i, x_i) = c_i$ も $p_i$ に関し $p_i = h_i(x_i, c_i)$ と解けると仮定する $(i = 1, \cdots, n)$．このとき，

$$u = \sum_{j=1}^{n-1} \int h_j(x_j, c_j)dx_j + \int h_n(x_n, c_n(c_1, \cdots, c_{n-1}))dx_n + c_0$$

が完全解である．$\partial u/\partial c_0 = 1$ だから，この完全解に対する特異解は存在しない．一般に，方程式 $f(p, x) = 0$ に対して $p_i = h_i(x_i, c_1, \cdots, c_{n-1})$ $(i = 1, \cdots, n)$ とおくと $f = 0$ が恒等的に成立し，$(c_1, \cdots, c_{n-1})$ に関する $h_1, \cdots, h_n$ の関数行列の階数が $n-1$ となるような $h_i$ が存在する場合は，完全解が同様に構成できる．——

完全解から一般解が作れることがわかったので，次に完全解の構成法を述べよう（定理 2.11′ および定理 3.3 を参照せよ）．まず，次の定理が基本になる．

**定理 3.6**　変数 $(p, z, x)$ の空間 $M$ 上の関数 $g_1, \cdots, g_r, g_{r+1}, \cdots, g_{r+l}$ が次の条件を満足すると仮定する．すなわち，$dg_1, \cdots, dg_{r+l}$，$\omega = dz - p_1dx_1 - \cdots - p_ndx_n$ が $M$ の各点で1次独立で

$$W=\{(p,z,x)\in M\mid g_1(p,z,x)=\cdots=g_r(p,z,x)=0\}$$

とおくと

$$[g_i,g_j]|_W=0 \qquad (i,j=1,\cdots,r+l)$$

が成立する．このとき，$[g_i,\cdot]$ の定める $M$ 上のベクトル場 $H_{g_i}$ に対し，$W$ の点を $q$ とおくと $(H_{g_i})_q$ は $T_qW$ に属する $(i=1,\cdots,r+l)$．よって，写像 $W\ni q\mapsto(H_{g_i})_q$ は $W$ 上のベクトル場を定めるので，それを $\bar{H}_{g_i}$ とおく．すると $W$ 上の未知関数 $v$ に対する線型偏微分方程式系

(3.25) $$\bar{H}_{g_i}(v)=0 \qquad (i=1,\cdots,r+l)$$

は完全系となる．

**証明**　$H_{g_i}(g_j)|_W=[g_i,g_j]|_W=0$ であるから，$W$ の点 $q$ に対し $(H_{g_i})_q\in(dg_1)_q{}^\perp\cap\cdots\cap(dg_r)_q{}^\perp=T_qW$ となり，それは $\bar{H}_{g_i}$ が定義できることを意味する．また，$(H_{g_1})_q,\cdots,(H_{g_{r+l}})_q$ が1次独立となることは，$q$ が原点に対応する正準座標系でみればわかる．よって，$\bar{H}_{g_1},\cdots,\bar{H}_{g_{r+l}}$ は $W$ 上の $r+l$ 次元微分式系を生成する．さらに，仮定から $[g_i,g_j]=\sum_{k=1}^{r}c_{ij}{}^kg_k$ となる関数 $c_{ij}{}^k$ の存在がいえる．このとき，

$$H_{[g_i,g_j]}=\sum_{k=1}^{r}(c_{ij}{}^kH_{g_k}+g_kH_{c_{ij}{}^k})$$

となり，また (2.12) より

$$[H_{g_i},H_{g_j}]=H_{[g_i,g_j]}-\frac{\partial g_i}{\partial z}H_{g_i}+\frac{\partial g_j}{\partial z}H_{g_j}-[g_i,g_j]\partial/\partial z$$

を得るので，上式を $W$ 上でみれば (3.25) が完全系であることがわかる．∎

包合系 (3.14) に対し，必要なら添字を入れ換えて，以下 $(p_1,\cdots,p_r)$ に対する $f_1,\cdots,f_r$ の関数行列式が0にならないと仮定する．このとき，$\omega,df_1,\cdots,df_r$ は各点で1次独立になっている．(3.14) で定義される部分多様体を $W$ とおき，次の条件が満たされるように関数 $f_{r+1},\cdots,f_{n+1}$ を帰納的に構成する．$q=(\mathring{p},\mathring{z},\mathring{x})$ を $W$ の1点とし，$q$ の近傍で考える．

$(3.26)_l$　$[f_i,f_j]|_W=0 \qquad (i,j=1,\cdots,r+l).$

$(3.27)_l$
$$\begin{cases} r+l=r+1,\cdots,n & \text{のとき}\quad \left|\dfrac{\partial(f_1,\cdots,f_{r+l})}{\partial(p_1,\cdots,p_{r+l})}\right|(q)\neq 0,\\[2ex] r+l=n+1 & \text{のとき}\quad \left|\dfrac{\partial(f_1,\cdots,f_{n+1})}{\partial(p_1,\cdots,p_n,z)}\right|(q)\neq 0.\end{cases}$$

もし，この条件を満たす関数が構成されたなら

$$(3.28)\qquad f_1=\cdots=f_r=0,\quad f_{r+1}=c_{r+1},\ \cdots,\ f_{n+1}=c_{n+1}$$

は，$n-r$ 個のパラメータをもつ $n$ 次元包合的部分多様体(すなわち Lagrange 多様体)の族を定義するから，(3.28) から $(p_1,\cdots,p_n)$ を消去すれば完全解が得られる．

**定理 3.7**　整数 $l$ で $0\leqq l\leqq n-r$ を満たすものを与えたとき，$M$ 上の関数 $f_1,\cdots,f_{r+l}$ が存在して，$(3.26)_l$, $(3.27)_l$ が成立していると仮定する．このとき $W$ 上の完全系

$$(3.29)_l\qquad \bar{H}_{f_i}(v)=0\qquad (i=1,\cdots,r+l)$$

の任意の $2n+1-2r-l$ 個の独立解の中には次の性質をもつ $v$ がある．すなわち，$f_{r+l+1}$ を $f_{r+l+1}|_W=v$ となる $M$ 上の関数とすれば，それは $(3.26)_{l+1}$, $(3.27)_{l+1}$ を満たす．

**証明**　$W^l$ を $x_1=\mathring{x}_1,\ \cdots,\ x_{r+l}=\mathring{x}_{r+l}$ で定義される $M$ の部分多様体とし，さらに $W_l=W\cap W^l$ とおく．$W_l$ 上では $(p_{r+1},\cdots,p_n,z,x_{r+l+1},\cdots,x_n)$ が局所座標系にとれることに注意して

$$(3.30)_l\qquad v|_{W_l}=h(p_{r+1},\cdots,p_n,z,x_{r+l+1},\cdots,x_n)$$

という初期条件を考える．$H_{f_1},\cdots,H_{f_{r+l}}$ で生成される $M$ 上の微分式系を $\mathcal{D}$ とおくと，仮定から $\mathcal{D}_q\oplus T_qW^l=T_qM$ がわかるが，$\mathcal{D}_q\subset T_qW$ であるから $\mathcal{D}_q\oplus T_qW_l=T_qW$ を得る．よって，定理 1.7 と定理 3.6 から，$W_l$ 上の任意の関数 $h$ に対し，初期条件 $(3.30)_l$ を満たす $(3.29)_l$ の解の存在がわかる．$f_i|_{W_l}=\bar{f}_i$ とおけば $|\partial(\bar{f}_{r+1},\cdots,\bar{f}_{r+l},p_{r+l+1})/\partial(p_{r+1},\cdots,p_{r+l+1})|(q)\neq 0$ となるので，$h=p_{r+l+1}$ のときの解が $v$ ならば定理の主張は正しい．よって $(3.29)_l$ の解全体の中には求める $v$ が存在する．一方，完全系 $(3.29)_l$ の一般解は独立解の任意関数であったから，独立解の中に求める $v$ が存在することがわかる．∎

完全系 $(3.29)_l$ の独立解を求めることにより，$f_{r+1},\cdots,f_{n+1}$ が帰納的に求まることがわかったが，それらを一度に求めることもできる．

**定理 3.8**　定理 3.7 とその証明に使われた記号を用い，さらに $p_{n+1}=z-p_{r+1}x_{r+1}-p_{r+2}x_{r+2}-\cdots-p_nx_n$ とおく．このとき $W$ 上の方程式

$$(3.31)\qquad \begin{cases}\bar{H}_{f_k}(v_\nu)=0\\ v_\nu|_{W_0}=p_\nu|_{W_0}\end{cases}\qquad (k=1,\cdots,r\,;\ \nu=r+1,\cdots,n+1)$$

の解 $v_\nu$ に対し，$M$ 上の関数 $f_\nu$ を $f_\nu|_W=v_\nu$ となるように選べば，(3.26)$_l$ と (3.27)$_l$ が成立する ($l=1,\cdots,n+1-r$).

**証明** $W$ は包合的であるから $W$ 上で 0 になる関数 $a,b$ に対し $[a,b]|_W$ は 0 となることに注意して (2.11) を適用すると

$$[[f_i,f_j],f_k]|_W=\left([f_i,f_j]\frac{\partial f_k}{\partial z}\right)\Big|_W \qquad (i,j=1,\cdots,n+1\,;\ k=1,\cdots,r)$$

がわかる．次に，$[f_i,f_j]|_{W_0}=0$ となることを示そう．$i,j=r+1,\cdots,n+1$ の場合を考える (これ以外のときは明らか)．このとき

$$f_i=p_i+\sum_{\nu=1}^{r}a_i^{\nu}(x_\nu-\mathring{x}_\nu)+\sum_{\nu=1}^{r}b_i^{\nu}f_\nu$$

と表わせる．$k=1,\cdots,r$ に対し

$$\begin{aligned}0&=[f_k,f_i]|_W\\&=\left[f_k,p_i+\sum_{\nu=1}^{r}a_i^{\nu}(x_\nu-\mathring{x}_\nu)\right]\Big|_W\end{aligned}$$

となるので，$x_1,\cdots,x_r,p_{r+1},\cdots,p_{n+1}$ の間の Lagrange 括弧式が 0 になることに注意すれば

$$\begin{aligned}[f_i,f_j]|_{W_0}&=\left[p_i+\sum_{\nu=1}^{r}a_i^{\nu}(x_\nu-\mathring{x}_\nu),\,p_j+\sum_{\nu=1}^{r}a_j^{\nu}(x_\nu-\mathring{x}_\nu)\right]\Big|_{W_0}\\&=0\end{aligned}$$

を得る．よって，$g_{ij}=[f_i,f_j]|_W$ とおくと

$$\begin{cases}\bar{H}_{f_k}(g_{ij})+\left(\dfrac{\partial f_k}{\partial z}\Big|_W\cdot g_{ij}\right)=0\\ g_{ij}|_{W_0}=0\end{cases}\qquad (i,j=1,\cdots,n+1\,;\ k=1,\cdots,r)$$

となる．初期値問題に関する解の一意性 (定理 1.7) は $g_{ij}=0$ を意味し，したがって (3.26)$_l$ がわかる．一方，(3.27)$_l$ は $v_\nu$ の初期値から明らかである．▌

いま，$w=z-p_1(x_1-\mathring{x}_1)-\cdots-p_n(x_n-\mathring{x}_n)$ とおいて座標系 ($p_1,\cdots,p_n,w,x_1,\cdots,x_n$) を用い，陰関数定理によって包合系 (3.14) を

(3.32) $$p_i=g_i(p_{r+1},\cdots,p_n,w,x_1,\cdots,x_n) \qquad (i=1,\cdots,r)$$

と表わす．このとき $[p_i-g_i,p_j-g_j]$ は $p_1,\cdots,p_r$ を含まないことからそれは恒等的に 0 であることがわかる．したがって，$f_i$ を $p_i-g_i$ におきなおすことによ

り，最初から

$$[f_i, f_j] = 0 \qquad (i, j=1, \cdots, r) \tag{3.33}$$

が成立していると仮定してよい．このときは $W=M$, $W_0=W^0$ とおいても定理3.7，定理3.8がそのまま成立することがわかる．よって，(3.15)と$(3.27)_l$を満たすように $f_{r+1}, \cdots, f_{n+1}$ が構成できる．また，$(3.27)_l$の代わりに(3.15)と$(df_1 \wedge \cdots \wedge df_{n+1})_q \neq 0$ が満たされるように $f_{r+1}, \cdots, f_{n+1}$ を求めると，$x_i \mapsto f_i$, $z \mapsto f_{n+1}$ は斉次正準変換（＝接触変換）をひきおこす（定理2.9）．そのあと基本接触変換を考えることにより$(3.27)_l$が成立するように $f_{r+1}, \cdots, f_{n+1}$ をとりかえることもできる（定理3.3の証明を見よ）．いずれにしても(3.16)から包合系(3.17)の完全解が得られるが，特に $c_1=\cdots=c_r=0$ とおけば(3.14)の完全解となる．

(3.33)を仮定しない場合にもどろう．$(3.26)_{n-r}$と$(3.27)_{n-r}$を満たす $f_{r+1}, \cdots, f_n$ が構成されたとしよう．このとき

$$f_1(p, z, x) = \cdots = f_r(p, z, x) = 0,$$
$$f_{r+1}(p, z, x) = c_{r+1}, \quad \cdots, \quad f_n(p, z, x) = c_n$$

から，陰関数定理により $p_i = p_i(z, x, c_{r+1}, \cdots, c_n)$ $(i=1, \cdots, n)$ と解いて，全微分方程式

$$dz = p_1(z, x, c)dx_1 + \cdots + p_n(z, x, c)dx_n \tag{3.34}$$

を考える．これを解くときに現われる任意定数を $c_{n+1}$ とおけば(3.14)の完全解を得る．(3.33)が成立しているときは，同様の方法で(3.17)の完全解が得られる．与えられた $f_1, \cdots, f_r$ が $z$ によらないときは，$f_{r+1}, \cdots, f_n$ として $z$ によらないようにとれるので，この方法が有効なことがある．

いまいくつか述べた方法と，この節の前半に述べた全微分方程式の解法をあわせれば，(3.14)の完全解が求まる．簡単のため $r=1$ として

$$f(p, z, x) = 0 \tag{3.35}$$

という方程式を例に挙げて説明しよう．この場合，$W=M$ とおいて次の方程式

$$H_f(v) = 0 \tag{3.36}$$

を考えればよい．

$$H_f = \sum_{i=1}^n \left(\frac{\partial f}{\partial x_i} + p_i \frac{\partial f}{\partial z}\right)\partial/\partial p_i - \sum_{i=1}^n \frac{\partial f}{\partial p_i}\partial/\partial x_i - \sum_{i=1}^n p_i \frac{\partial f}{\partial p_i}\partial/\partial z$$

であるから，$H_f$ の積分曲線を与える常微分方程式系は

$$(3.37)\qquad \begin{cases} \dfrac{dx_i}{dt} = [f, x_i] = -\dfrac{\partial f}{\partial p_i} \\ \dfrac{dp_i}{dt} = [f, p_i] = \dfrac{\partial f}{\partial x_i} + p_i \dfrac{\partial f}{\partial z} \\ \dfrac{dz}{dt} = [f, z] = -\displaystyle\sum_{i=1}^{n} p_i \dfrac{\partial f}{\partial p_i} \end{cases} \qquad (i=1, \cdots, n),$$

であり，対応する全微分方程式は

$$(3.38)\qquad \frac{dp_1}{\partial f/\partial x_1 + p_1 \partial f/\partial z} = \cdots = \frac{dp_n}{\partial f/\partial x_n + p_n \partial f/\partial z} = \frac{-dx_1}{\partial f/\partial p_1}$$

$$= \cdots = \frac{-dx_n}{\partial f/\partial p_n} = \frac{-dz}{\sum_{i=1}^{n} p_i \partial f/\partial p_i}$$

となる．(3.38) は $f$ に対する **Lagrange-Charpit 系**とよばれる．$H_f$ で生成される 1 パラメータ変換群 $\varphi_{(t)}$ は (3.37) の解によって与えられるが，$\varphi_{(t)}$ により

$$V = \{(p, z, x) \in M \mid f(p, z, x) = 0\}$$

に属する点 $(\mathring{p}, \mathring{z}, \mathring{x})$ が変換される点を $(p(\mathring{p}, \mathring{z}, \mathring{x}, t), z(\mathring{p}, \mathring{z}, \mathring{x}, t), x(\mathring{p}, \mathring{z}, \mathring{x}, t))$ とおく．この点も $V$ に属することに注意しよう．定義 2.10 と定理 1.15 から，

$$(3.39)\qquad dz - p_1 dx_1 - \cdots - p_n dx_n = \rho(d\mathring{z} - \mathring{p}_1 d\mathring{x}_1 - \cdots - \mathring{p}_n d\mathring{x}_n)$$

が成立していることがわかる．$(\mathring{p}, \mathring{z}, \mathring{x})$ は $V$ の点であるから

$$\mathring{p}_i, \mathring{z}, \mathring{x}_i, t, p_i(\mathring{p}, \mathring{z}, \mathring{x}, t), z(\mathring{p}, \mathring{z}, \mathring{x}, t), x_i(\mathring{p}, \mathring{z}, \mathring{x}, t) \qquad (i=1, \cdots, n)$$

のうち独立なものは $2n+1$ 個である．いま，$\mathring{p}, z, x$ を独立変数にとれ，$\mathring{z}, \mathring{x}$ がそれらの関数として表わせると仮定する．$\mathring{z} = \mathring{z}(z, x, \mathring{p})$，$\mathring{x}_i = \mathring{x}_i(z, x, \mathring{p})$ とおいて

$$v(z, x, \mathring{p}) = \mathring{z}(z, x, \mathring{p}) - \mathring{p}_1 \cdot \mathring{x}_1(z, x, \mathring{p}) - \cdots - \mathring{p}_n \cdot \mathring{x}_n(z, x, \mathring{p})$$

という関数を定義すると (3.39) より

$$dz - p_1 dx_1 - \cdots - p_n dx_n = \rho(dv + \mathring{x}_1 d\mathring{p}_1 + \cdots + \mathring{x}_n d\mathring{p}_n)$$

となる．よって，$\mathring{p}_i = c_i \ (\in \boldsymbol{R})$ とおけば，

$$v(z, x, c_1, \cdots, c_n) = 0$$

が (3.35) の完全解を与える（これらが $n$ 次元の等方的部分多様体を定義していることに注意しよう）．これは，(3.31) の式で $W=M$, $W_0 = \{z - p_1 x_1 - \cdots - p_n x_n = 0\}$, $v_\nu|_{W_0} = p_\nu|_{W_0}$ $(\nu=1, \cdots, n)$ ととることによって，定理 3.8 の方法で完全解を求めたことに対応している．

**例 3.7** $z = p_1{}^2+p_2{}^2$ $(n=2$ とする$)$.

対応する (3.37) の方程式は

$$\frac{dp_i}{dt} = p_i, \quad \frac{dx_i}{dt} = 2p_i, \quad \frac{dz}{dt} = 2(p_1{}^2+p_2{}^2) \qquad (i=1,2)$$

となり，$(\mathring{p}, \mathring{z}, \mathring{x})$ を通る積分曲線は

$$p_i = \mathring{p}_i e^t, \quad x_i = 2\mathring{p}_i(e^t-1)+\mathring{x}_i, \quad z = (\mathring{p}_1{}^2+\mathring{p}_2{}^2)(e^{2t}-1)+\mathring{z}$$

で与えられる．$\mathring{z}=\mathring{p}_1{}^2+\mathring{p}_2{}^2$ とおくと

$$e^{2t} = \frac{z}{\mathring{p}_1{}^2+\mathring{p}_2{}^2}, \quad \mathring{x}_i = x_i+2\mathring{p}_i-2\mathring{p}_i\left(\frac{z}{\mathring{p}_1{}^2+\mathring{p}_2{}^2}\right)^{1/2}$$

を得るので，完全解は

$$v(z,x,c_1,c_2) \equiv (c_1{}^2+c_2{}^2)-c_1\left(x_1+2c_1-2c_1\left(\frac{z}{c_1{}^2+c_2{}^2}\right)^{1/2}\right)$$
$$-c_2\left(x_2+2c_2-2c_2\left(\frac{z}{c_1{}^2+c_2{}^2}\right)^{1/2}\right) = 0$$

で与えられる．これを $z$ に関して解けば，完全解

$$\frac{(c_1x_1+c_2x_2+c_1{}^2+c_2{}^2)^2}{4(c_1{}^2+c_2{}^2)}$$

を得るが，任意定数をとりかえれば，それは

$$\frac{(x_1\cos c+x_2\sin c+c')^2}{4}$$

と表わせる．——

次に方程式 (3.35) の $f$ が $z$ によらない場合を考察しよう．まず，$f$ が $z$ による場合でも独立変数の数を増やせば，$f$ が $z$ によらない場合に帰着されることを示そう．完全解の任意定数の一つに関して解くと，陰関数の形で表わして

$$v(x,z) = c$$

が任意の実数 $c$ に対して (3.35) の解を与えていると考えてよい．このとき，$v$ の満たすべき必要十分条件は

$$f\left(-\frac{\partial v/\partial x_1}{\partial v/\partial z}, \cdots, -\frac{\partial v/\partial x_n}{\partial v/\partial z}, z, x\right) = 0 \tag{3.40}$$

となる．これを $\partial v/\partial z$ に関して解き，$z$ を $t$，$v$ を $z$，$\partial v/\partial x_i$ を $p_i$ におきかえれば

$$(3.41)\qquad \frac{\partial z}{\partial t}+H(p_1,\cdots,p_n,x_1,\cdots,x_n,t)=0$$

という方程式に表わせる．そこで，以下(3.41)の形の方程式を考察しよう．$\tau=\partial z/\partial t$，$f=-(\tau+H)$ とおくと，それに対応する Lagrange-Charpit 系は

$$(3.42)\qquad dt=\frac{dx_1}{\partial H/\partial p_1}=\cdots=\frac{dx_n}{\partial H/\partial p_n}=\frac{-dp_1}{\partial H/\partial x_1}=\cdots=\frac{-dp_n}{\partial H/\partial x_n}$$
$$=\frac{dz}{\tau+\sum_{i=1}^n p_i\partial H/\partial p_i}=\frac{-d\tau}{\partial H/\partial t}$$

である．$H_f$ の生成する $V=\{(p,\tau,z,x,t)\in M\mid \tau+H(p,x,t)=0\}$ 内の1パラメータ変換群 $\varphi_{(s)}$ は，$dt/ds=1$，$dx_1/ds=\partial H/\partial p_1$，… で与えられるので，$t$ と $s$ を同一視することにより

$$(3.43)\qquad \frac{dx_i}{dt}=\frac{\partial H}{\partial p_i},\quad \frac{dp_i}{dt}=-\frac{\partial H}{\partial x_i}\qquad (i=1,\cdots,n),$$

$$(3.44)\qquad \frac{dz}{dt}=\sum_{i=1}^n p_i\frac{\partial H}{\partial p_i}-H,\quad \frac{d\tau}{dt}=-\frac{\partial H}{\partial t}$$

を解けば $V$ 内の $H_f$ の積分曲線が得られることがわかる．この常微分方程式系を解くには，$(p,x)$ に関する方程式(3.43)を解いてから(3.44)に代入して $z,\tau$ を求めればよい．実際，$V$ の点 $(\mathring{p},-H(\mathring{p},\mathring{x},0),\mathring{z},\mathring{x},0)$ が $\varphi_{(t)}$ により変換される点は，$(p(\mathring{p},\mathring{x},t),-H(p(\mathring{p},\mathring{x},t),x(\mathring{p},\mathring{x},t),t),z(\mathring{p},\mathring{x},\mathring{z},t),x(\mathring{p},\mathring{x},t),t)$ と表わせ，

$$(3.45)\qquad \begin{cases} z(\mathring{p},\mathring{x},\mathring{z},t)=\mathring{z}+\int_0^t L(p(\mathring{p},\mathring{x},s),x(\mathring{p},\mathring{x},s),s)ds, \\ L=\sum_{i=1}^n p_i\frac{\partial H}{\partial p_i}-H \end{cases}$$

である．次に，陰関数定理を用いて

$$x_i=x_i(\mathring{p},\mathring{x},t)\qquad (i=1,\cdots,n)$$

を $\mathring{x}_1,\cdots,\mathring{x}_n$ に関して解き

$$\mathring{x}_i=\mathring{x}_i(x,t,\mathring{p})\qquad (i=1,\cdots,n)$$

と表わす．これによって

$$(3.46)\qquad w(x,t,\mathring{p})=\sum_{i=1}^n \mathring{p}_i\cdot\mathring{x}_i+z(\mathring{p},\mathring{x},\mathring{z},t)-\mathring{z}$$

$$= \sum_{i=1}^{n} \mathring{p}_i \cdot \mathring{x}_i(x, t, \mathring{p})$$
$$+ \int_0^t L(p(\mathring{p}, \mathring{x}(x, t, \mathring{p}), s), x(\mathring{p}, \mathring{x}(x, t, \mathring{p}), s), s) ds$$

という関数を定義する．一方，(3.39) に対応して

$$(3.47) \qquad dz - \sum_{i=1}^{n} p_i dx_i + H(p, x, t) dt = \rho\left(d\mathring{z} - \sum_{i=1}^{n} \mathring{p}_i d\mathring{x}_i\right)$$
$$= \rho\left(d\left(\mathring{z} - \sum_{i=1}^{n} \mathring{p}_i \mathring{x}_i\right) + \sum_{i=1}^{n} \mathring{x}_i d\mathring{p}_i\right)$$
$$= \rho\left(d(z - w(x, t, \mathring{p})) + \sum_{i=1}^{n} \mathring{x}_i d\mathring{p}_i\right)$$

を得る．したがって，

$$z = w(x, t, c_1, \cdots, c_n) + c_{n+1}$$

は (3.41) の完全解を与える．これは $W = M$，$W_0 = \{t = 0\}$，$u_\nu|_{W_0} = p_{\nu-1}|_{W_0}$ ($\nu = 2, \cdots, n+1$)，$u_{n+2}|_{W_0} = (z - p_1 x_1 - \cdots - p_n x_n)|_{W_0}$ とおいて定理 3.8 を適用した解法である．

(3.47) の左辺を独立変数 $(\mathring{p}, \mathring{z}, \mathring{x}, t)$ を用いて表わし，$d\mathring{z}$ の係数を見れば，(3.45) から $\rho = 1$ となっていることがわかる．よって，$t$ をパラメータとみれば

$$dp_1 \wedge dx_1 + \cdots + dp_n \wedge dx_n = d\mathring{p}_1 \wedge d\mathring{x}_1 + \cdots + d\mathring{p}_n \wedge d\mathring{x}_n$$

が成立している．したがって $(\mathring{p}_1, \cdots, \mathring{p}_n, \mathring{x}_1, \cdots, \mathring{x}_n)$ を正準座標系とする $2n$ 次元シンプレクティック多様体において，変換 $(\mathring{p}, \mathring{x}) \mapsto (p, x)$ は $t$ をパラメータとするシンプレクティック変換である．これは，(3.43) が Poisson の括弧式を用いて $dx_i/dt = \{H, x_i\}$，$dp_i/dt = \{H, p_i\}$ と表わせることからもわかる (定理 2.1 を見よ)．

力学や変分法において (3.43) の形の方程式が現われるが，これを**ハミルトニアン** $H(p, x, t)$ に対する**正準微分方程式系**といい，(3.41) を **Hamilton-Jacobi の方程式**という．

**定理 3.9**　正準微分方程式系 (3.43) と，正準座標系 $(p_1, \cdots, p_n, x_1, \cdots, x_n)$ に対するシンプレクティック変換

$$p_i' = p_i'(p, x, t), \qquad x_i' = x_i'(p, x, t) \qquad (i = 1, \cdots, n)$$

で $t$ をパラメータにもつものが与えられたとする．このとき $t$ をパラメータとみて

$$d\Omega(p,x,t)=\sum_{i=1}^{n}p_i dx_i-\sum_{i=1}^{n}p_i'(p,x,t)dx_i'(p,x,t)$$

を満たす関数 $\Omega$ が存在するので，それを用いて

$$H'=H+\frac{\partial\Omega}{\partial t}+\sum_{i=1}^{n}p_i'(p,x,t)\frac{\partial x_i'(p,x,t)}{\partial t}$$

とおく．このとき，正準座標系 $(p_1',\cdots,p_n',x_1',\cdots,x_n')$ を用いると，(3.43) は

$$\frac{dx_i'}{dt}=\frac{\partial H'}{\partial p_i'},\qquad \frac{dp_i'}{dt}=-\frac{\partial H'}{\partial x_i'}\qquad (i=1,\cdots,n) \tag{3.48}$$

に変換される．特に，シンプレクティック変換が $t$ によらない場合は，$H=H'$ である．

**証明**　$\Omega$ の存在はシンプレクティック変換の定義と定理 1.8 から明らか．$t$ も独立変数とみると

$$d\Omega=\sum_{i=1}^{n}p_i dx_i-\sum_{i=1}^{n}p_i'dx_i'+\left(\frac{\partial\Omega}{\partial t}+\sum_{i=1}^{n}p_i'\frac{\partial x_i'}{\partial t}\right)dt$$

となるので，独立変数 $z,\tau$ を導入して

$$\begin{aligned}&dz-\sum_{i=1}^{n}p_i dx_i-\tau dt\\ &\quad=d(z-\Omega)-\sum_{i=1}^{n}p_i'dx_i'-\left(\tau-\frac{\partial\Omega}{\partial t}-\sum_{i=1}^{n}p_i'\frac{\partial x_i'}{\partial t}\right)dt\end{aligned}$$

を得る．したがって，$(p,\tau,z,x,t)\mapsto(p',\tau',z',x',t')=(p'(p,x,t),\tau-\partial\Omega/\partial t-\sum_{i=1}^{n}p_i'\partial x_i'/\partial t, z-\Omega, x'(p,x,t),t)$ は接触変換を与え，$\tau+H=\tau'+H'$ が成立する．定理 2.4 において $\rho=1$ となることに注意すれば，(3.43) も (3.48) も共に Hamilton ベクトル場 $[\tau+H,\cdot]$ の生成する 1 パラメータ変換群を定義する方程式であることがわかり，両者は一致する．▌

正準微分方程式 (3.43) を解くことにより，(3.45), (3.46) から 1 階偏微分方程式 (3.41) の完全解が求められた．逆に，(3.41) の完全解がわかれば，$2n$ 個の任意定数を含む (3.43) の一般解が得られる：

**定理 3.10**　1 階偏微分方程式 (3.41) の完全解 $w(x,t,c_1,\cdots,c_n)+c_{n+1}$ に対し，$w(x,t,x')$ は $t$ をパラメータとするシンプレクティック変換 $(p_1,\cdots,p_n,x_1,\cdots,$

$x_n)\mapsto(p_1', \cdots, p_n', x_1', \cdots, x_n')$ の母関数を定義する．正準座標系 $(p', x')$ を用いれば，(3.43) は**静止形**

$$\frac{dx_i'}{dt}=0, \quad \frac{dp_i'}{dt}=0 \qquad (i=1,\cdots,n) \tag{3.49}$$

に変換される．したがって，

$$p_i=\frac{\partial w}{\partial x_i}, \quad c_{n+i}=\frac{\partial w}{\partial c_i} \qquad (i=1,\cdots,n)$$

から，陰関数定理により (3.43) の一般解 $p_i=p_i(t, c_1, \cdots, c_{2n})$，$x_i=x_i(t, c_1, \cdots, c_{2n})$ が求められる．

**証明**　$w(x, t, c_1, \cdots, c_n)+c_{n+1}+c_0t$ は偏微分方程式 $\tau+H(p, x, t)=c_0$ の完全解を与えるから，定理3.5より $w(x, t, x')$ が定理2.8の(3)の条件を満たすことがわかる．よって，$w$ はシンプレクティック変換の母関数となり，$t$ をパラメータとみて $dw=\sum_{i=1}^n p_idx_i-\sum_{i=1}^n p_i'dx_i'$ が成立する．$(p, x, t)$ を独立変数にとれば，定理3.9において

$$\begin{aligned} H' &= H(p, x, t)+\frac{\partial w(x, t, x'(p, x, t))}{\partial t}+\sum_{i=1}^n p_i'\frac{\partial x_i'}{\partial t} \\ &= H(p, x, t)+\frac{\partial w}{\partial t}+\sum_{i=1}^n \left(\frac{\partial w}{\partial c_i}\right)(x, t, x')\cdot\frac{\partial x_i'}{\partial t}+\sum_{i=1}^n p_i'\frac{\partial x_i'}{\partial t}=0 \end{aligned}$$

となるので (3.49) を得る．ここで，$p_i=\partial w(x, t, x')/\partial x_i$，$p_i'=-\partial w(x, t, x')/\partial x_i'$ であることに注意すれば，(3.49) の一般解 $x_i'=c_i$，$p_i'=-c_{n+i}$ に対応する (3.43) の解がこの定理で求めた解である．∎

**例3.8 (2体問題)**　Newtonの万有引力の法則に従って動いている二つの質点の運動は，それが平面内にとどまっていることに注意して，一方の質点を原点に選ぶことにより

$$\frac{dx_i}{dt}=\frac{\partial H}{\partial p_i}, \quad \frac{dp_i}{dt}=-\frac{\partial H}{\partial x_i} \qquad (i=1, 2)$$

と表わせる．$(x_1, x_2)$ はその平面の座標で $(p_1, p_2)$ は運動量を表わす．ハミルトニアン $H$ は

$$H=\frac{p_1^2+p_2^2}{2}-a(x_1^2+x_2^2)^{-1/2} \qquad (a>0)$$

で与えられる．これの一般解を求めるには，対応するHamilton-Jacobiの方程

式

$$\frac{\partial z}{\partial t}+\frac{1}{2}\left(\left(\frac{\partial z}{\partial x_1}\right)^2+\left(\frac{\partial z}{\partial x_2}\right)^2\right)=a({x_1}^2+{x_2}^2)^{-1/2}$$

の完全解を求めればよい．極座標 $r, \theta$ ($x_1=r\cos\theta$, $x_2=r\sin\theta$) を用いると，

$$\frac{\partial z}{\partial t}+\frac{1}{2}\left(\left(\frac{\partial z}{\partial r}\right)^2+\frac{1}{r^2}\left(\frac{\partial z}{\partial \theta}\right)^2\right)=\frac{a}{r} \tag{3.50}$$

が得られる．また

$$p_1dx_1+p_2dx_2=(p_1\cos\theta+p_2\sin\theta)dr+(p_2\cos\theta-p_1\sin\theta)rd\theta$$

であるから，

$$p_r=p_1\cos\theta+p_2\sin\theta, \qquad p_\theta=(p_2\cos\theta-p_1\sin\theta)r$$

とおくと $(p_1, p_2, x_1, x_2)\mapsto(p_r, p_\theta, r, \theta)$ はシンプレクティック変換で，$H={p_r}^2/2+{p_\theta}^2/2r^2-a/r$ となる．このことから再び (3.50) が得られる (定理 3.9 を見よ)．

例 3.6 の変数分離の方法により

$$\frac{\partial z}{\partial t}=c_1, \qquad \frac{\partial z}{\partial \theta}=c_2, \qquad \frac{\partial z}{\partial r}=\sqrt{2a/r-2c_1-{c_2}^2/r^2}$$

を解いて，完全解が

$$w(r,\theta,c_1,c_2)+c_3=c_1t+c_2\theta+c_3+\int_{r_0}^{r}\sqrt{2a/\rho-2c_1-{c_2}^2/\rho^2}\,d\rho$$

と表わせる．よって，正準微分方程式の一般解は

(3.51)

$$\begin{cases} t-t_0=\displaystyle\int_{r_0}^{r}\frac{d\rho}{\sqrt{2a/\rho-2c_1-{c_2}^2/\rho^2}}, & \theta-\theta_0=c_2\displaystyle\int_{r_0}^{r}\frac{d\rho}{\rho^2\sqrt{2a/\rho-2c_1-{c_2}^2/\rho^2}}, \\ p_r=\sqrt{2a/r-2c_1-{c_2}^2/r^2}, & p_\theta=c_2 \end{cases}$$

となることが定理 3.10 からわかる．

$p_\theta$ は時間 $t$ によらない保存量となり，角運動量の保存法則 (この場合は Kepler の第 2 法則) に対応している．これは正準微分方程式 $dp_\theta/dt=\{H, p_\theta\}=0$ からも直接わかる．一般に $(p_r, p_\theta, r, \theta)$ の関数 $\varphi$ で，$\{H, \varphi\}=0$ を満たすものは保存量になることが，定理 3.9 からわかる．よって，いまの場合，独立な保存量は，全エネルギーに対応する $H=-c_1$ と，角運動量 $p_\theta=c_2$ と，軌道を表わす (3.51) の第 2 の式で，一般の保存量はそれらの任意関数である．

(3.51) の第 2 式の積分を実行すると

$$\theta = \arccos \frac{c_2{}^2/ar-1}{\sqrt{1-2c_1c_2{}^2/a^2}} + \mathring{\theta} \qquad (\mathring{\theta}\text{ は定数})$$

となり，さらに $l=c_2{}^2/a$，$e=\sqrt{1-2c_1c_2{}^2/a^2}$ とおけば，軌道の式は，

$$l/r = 1+e\cos(\theta-\mathring{\theta})$$

となる．これは原点を焦点とする円錐曲線で，$l$ および $e$ はそれぞれ軌道の通径，離心率とよばれている．$0\leqq e<1$，$e=1$，$e>1$ に応じて（すなわちエネルギー $-c_1$ の負，0，正に応じて），軌道は楕円，放物線，双曲線となる．

(3.51) の第1式は，軌道上の質点の運動と時間 $t$ との関係を与えている．たとえば，楕円軌道の場合を考えよう．$l_0=l/(1-e^2)=a/2c_1$（楕円の長半軸の長さ）とおき，さらに，$r-l_0=-l_0e\cos\xi$ と変数変換すると

$$t = \frac{1}{\sqrt{2c_1}}\int\frac{rdr}{\sqrt{ar/c_1-r^2-c_2{}^2/2c_1}} = \frac{1}{\sqrt{2c_1}}\int\frac{rdr}{\sqrt{l_0{}^2e^2-(r-l_0)^2}}$$

$$= \frac{l_0}{\sqrt{2c_1}}\int(1-e\cos\xi)d\xi = \frac{l_0}{\sqrt{2c_1}}(\xi-e\sin\xi)+\mathring{t} \qquad (\mathring{t}\text{ は定数})$$

となるので，次のようにパラメータ $\xi$ を用いて表示できる．

$$r = l_0(1-e\cos\xi), \qquad t = \mathring{t}+\frac{l_0(\xi-e\sin\xi)}{\sqrt{2c_1}}.$$

さらに，$y_1=r\cos(\theta-\mathring{\theta})$，$y_2=r\sin(\theta-\mathring{\theta})$ という座標系を用いれば，

$$y_1 = l_0(\cos\xi-e), \qquad y_2 = l_0\sqrt{1-e^2}\sin\xi$$

と表わせる．——

最後に，定理3.4で述べた初期値問題を考えよう．包合系

(3.52)　　$$p_k = g_k(p_{r+1},\cdots,p_n,z,x_1,\cdots,x_n) \qquad (k=1,\cdots,r)$$

に対し，初期条件

(3.53)　　$$z|_{x_1=\cdots=x_r=0} = \varphi(x_{r+1},\cdots,x_n)$$

を満たす解を求める問題である．包合的部分多様体 $V=\{(p,z,x)\in M\,|\,p_k=g_k(p_{r+1},\cdots,p_n,z,x_1,\cdots,x_n)\}$ の座標系として $(p_{r+1},\cdots,p_n,z,x_1,\cdots,x_n)$ を用いると，$V$ の特性体は

$$\partial/\partial x_k-\sum_{j=r+1}^n\frac{\partial g_k}{\partial p_j}\partial/\partial x_j+\sum_{j=r+1}^n\left(\frac{\partial g_k}{\partial x_j}+p_j\frac{\partial g_k}{\partial z}\right)\partial/\partial p_j+\left(g_k-\sum_{j=r+1}^n p_j\frac{\partial g_k}{\partial p_j}\right)\partial/\partial z \qquad (k=1,\cdots,r)$$

で生成される微分式系の積分多様体で，Pfaff 方程式は

$$(3.54)\quad \begin{cases} dx_j = -\displaystyle\sum_{k=1}^{r}\left(\frac{\partial g_k}{\partial p_j}\right)dx_k \\ dp_j = \displaystyle\sum_{k=1}^{r}\left(\frac{\partial g_k}{\partial x_j}+p_j\frac{\partial g_k}{\partial z}\right)dx_k \\ dz = \displaystyle\sum_{k=1}^{r}\left(g_k-\sum_{j=r+1}^{n}p_j\frac{\partial g_k}{\partial p_j}\right)dx_k \end{cases} \quad (j=r+1,\cdots,n),$$

である．ここで，$K=\{(z,x)\mid x_1=\cdots=x_r=0, z=\varphi(x_{r+1},\cdots,x_n)\}$ とおいたとき，等方的部分多様体 $S_K{}^*N\cap V=\{(p_{r+1},\cdots,p_n,z,x_1,\cdots,x_n)\mid x_1=\cdots=x_r=0, z=\varphi(x_{r+1},\cdots,x_n), p_j=(\partial\varphi/\partial x_j)(x_{r+1},\cdots,x_n), j=r+1,\cdots,n\}$ の点を通る特性体全体の集合が解に対応する Lagrange 多様体であった．したがって，全微分方程式 (3.54) の解で，$x_1=\cdots=x_r=0$ のとき初期条件が $x_j=\mathring{x}_j$，$p_j=(\partial\varphi/\partial x_j)(\mathring{x}_{r+1},\cdots,\mathring{x}_n)$，$z=\varphi(\mathring{x}_{r+1},\cdots,\mathring{x}_n)$ となるものに対し $(\mathring{x}_{r+1},\cdots,\mathring{x}_n)$ を動かしたときのそれらの合併が求める Lagrange 多様体である．たとえば，この節の前半を参照して，次のようにすればよい．常微分方程式系

$$(3.55)\quad \begin{cases} \dfrac{dx_k}{dt} = s_k, \\ \dfrac{dx_j}{dt} = -\displaystyle\sum_{k=1}^{r}s_k\left(\frac{\partial g_k}{\partial p_j}\right), \\ \dfrac{dp_j}{dt} = \displaystyle\sum_{k=1}^{r}s_k\left(\frac{\partial g_k}{\partial x_k}+p_j\frac{\partial g_k}{\partial z}\right), \\ \dfrac{dz}{dt} = \displaystyle\sum_{k=1}^{r}s_k\left(g_k-\sum_{j=r+1}^{n}p_j\frac{\partial g_k}{\partial p_j}\right), \\ x_k(0)=0,\quad x_j(0)=\mathring{x}_j,\quad p_j(0)=\left(\dfrac{\partial\varphi}{\partial x_j}\right)(\mathring{x}_{r+1},\cdots,\mathring{x}_n), \\ z(0)=\varphi(\mathring{x}_{r+1},\cdots,\mathring{x}_n) \\ \qquad (k=1,\cdots,r\,;\ j=r+1,\cdots,n) \end{cases}$$

の解を

$$(3.56)\quad \begin{aligned} &x_k=s_kt, && x_j=x_j(s_1,\cdots,s_r,t,\mathring{x}_{r+1},\cdots,\mathring{x}_n), \\ &z=z(s_1,\cdots,s_r,t,\mathring{x}_{r+1},\cdots,\mathring{x}_n), && p_j=p_j(s_1,\cdots,s_r,t,\mathring{x}_{r+1},\cdots,\mathring{x}_n) \\ &&& (k=1,\cdots,r\,;\ j=r+1,\cdots,n) \end{aligned}$$

とおいたとき，(3.56) からパラメータ $(s_1,\cdots,s_r,t,\mathring{x}_{r+1},\cdots,\mathring{x}_n)$ を消去すれば，解 $z=z(x_1,\cdots,x_n)$ が求まる．パラメータ $(s_1,\cdots,s_r,t)$ は独立でないので，(3.56) に

おいて，$t=1$（したがって $x_k=s_k$）を代入してからパラメータを消去して解を求めてもよい．すなわち，

$$x_j = x_j(x_1, \cdots, x_r, 1, \mathring{x}_{r+1}, \cdots, \mathring{x}_n) \qquad (j=r+1, \cdots, n)$$

を，陰関数定理によって

$$\mathring{x}_j = \mathring{x}_j(x_1, \cdots, x_r, x_{r+1}, \cdots, x_n) \qquad (j=r+1, \cdots, n)$$

と表わすと，解 $z(x_1, \cdots, x_r, 1, \mathring{x}_{r+1}(x_1, \cdots, x_n), \cdots, \mathring{x}_n(x_1, \cdots, x_n))$ が得られる．

## 問　題

**1**　(i)　方程式 (3. 11) が任意の初期値 $(c_{r+1}, \cdots, c_n)$ に対し解を持つためには，条件 (3. 9) が必要十分である．

(ii)　$z(x)$ が方程式 $f_1(p, z, x)=f_2(p, z, x)=0$ を満たすなら，$[f_1, f_2](p, z, x)=0$ をも満たすことを (2. 10) を使って示せ．

**2**　包合系 $p_i+H_i(p_{r+1}, \cdots, p_n, z, x_1, \cdots, x_n)=0$ $(i=1, \cdots, r)$ の解法を $r=1$ の場合に倣って示せ．定理 3. 9，定理 3. 10 は $r\geqq 2$ の場合にどのように拡張されるか．

**3**　ベクトル場 $X, Y$ が $[X, Y]=0$ を満たすとする．方程式 $Xu=0$ の解 $u$ に対して $Y$ を $j$ 回ほどこしてできる関数 $u_j=Y(Y(Y\cdots(Yu)\ ))$ も $Xu=0$ の解である $(j=1, 2, \cdots)$．

**4**　次の形の方程式

$$\sum_{i=1}^{n} a_i(x_1, \cdots, x_n, z)\frac{\partial z}{\partial x_i} = b(x_1, \cdots, x_n, z)$$

に対し，$X=\sum_{i=1}^{n} a_i(x, z)\partial/\partial x_i+b(x, z)\partial/\partial z$ とおき，方程式 $Xv=0$ の独立解 $v_1, \cdots, v_n$ をとる．$n$ 変数の任意の関数 $\varphi$ を与えて $\varphi(v_1, \cdots, v_n)=0$ を陰関数定理によって解いて $z=z(x)$ を得たとすれば，それは元の方程式の解である．特に，$v_n$ のみが変数 $z$ を持つ場合は，$v_n=c$ を解いて $z=f(x, c)$ を得たならば，$z=f(x, \psi(v_1(x), \cdots, v_{n-1}(x)))$ が $n-1$ 変数の任意関数 $\psi$ を含む一般解となる．

**5**　1階線型偏微分方程式

$$a_1(x)\frac{\partial z}{\partial x_1}+a_2(x)\frac{\partial z}{\partial x_2}+\cdots+a_n(x)\frac{\partial z}{\partial x_n} = 0$$

に対し，$\partial(a_1(x)u)/\partial x_1+\partial(a_2(x)u)/\partial x_2+\cdots+\partial(a_n(x)u)/\partial x_n=0$ を満たす関数 $u(x)$ を **Jacobi の乗式**という．

(i)　独立な Jacobi の乗式 $u_1, u_2$ が求まれば，$u_1/u_2$ は元の方程式の解となる．

(ii)　元の方程式の $n-2$ 個の独立解 $z_3(x), \cdots, z_n(x)$ が求まって，関数行列式 $D(x)=|\partial(z_3, \cdots, z_n)/\partial(x_3, \cdots, x_n)|$ が 0 とならないとする．このとき，Jacobi の乗式 $u(x)$ が求まり，また $z_j(x)=c_j$ $(j=3, \cdots, n)$ を解いて $x_j=x_j(x_1, x_2, c_3, \cdots, c_n)$ を得たとすれば，次の微分方程式系

$$D(x)\frac{\partial v}{\partial x_1} = a_2(x)u(x), \qquad D(x)\frac{\partial v}{\partial x_2} = -a_1(x)u(x)$$

にそれらを代入して，変数 $x_1, x_2$ に関する方程式とみる．この方程式系は条件 (1.43) を満足するので解 $v(x_1, x_2, c_3, \cdots, c_n)$ を持ち，$z=v(x_1, x_2, z_3(x), \cdots, z_n(x))$ が元の方程式の解になる．

［ヒント］ (ii) は，変数変換 $(x_1, x_2, x_3, \cdots, x_n) \to (x_1, x_2, z_3(x), \cdots, z_n(x))$ を考えよ．

**6** 次の偏微分方程式の一般解を求めよ．

(i) $x_1(x_2^2-x_3^2)p_1+x_2(x_3^2-x_1^2)p_2+x_3(x_1^2-x_2^2)p_3 = 0.$

(ii) $x_1(x_3+1)p_1+x_2(x_3+1)p_2+(x_1+x_2)x_3p_3 = 0.$

(iii) $x_1p_1+x_2p_2 = x_3p_3+x_4p_4, \quad x_2p_1+x_1p_2 = x_4p_3+x_3p_4.$

(iv) $x_1x_3p_1+(x_3+x_4)p_2 = p_3+p_4, \quad x_1p_1+x_3p_3 = p_2+(x_3+x_4)p_4.$

(v) $x_2zp_1+x_1zp_2 = x_1^2+x_2^2.$

(vi) $(z-x_2)p_1+(z-x_1)p_2 = x_1+x_2.$

**7** 次の偏微分方程式の完全解を，Legendre 変換した方程式の完全解から逆変換によって求めよ．

(i) $p_1p_2p_3+x_1p_1 = x_2p_2+x_3p_3.$

(ii) $(p_1+p_2+x_1+x_3)p_2 = (p_3+x_2)p_3.$

**8** 次の偏微分方程式の完全解を求めよ．

(i) $p_1p_2p_3 = (p_1+x_1)(p_2+x_2)(p_3+x_3).$

(ii) $p_1^2+p_2^2+x_1p_3^2+x_2p_4^2 = x_1x_3+x_2x_4.$

(iii) $p_1^2+p_2^2+p_3^2+p_4^2 = 4z.$

(iv) $(z-p_1x_1-p_2x_2)(p_1x_1+p_2x_2)+p_1p_2 = 0.$

(v) $z^2(p_1^2+p_2^2) = x_1^2+x_2^2.$

**9** ハミルトニアンが $H=(p_1^2+p_2^2)/2-a(x_1^2+x_2^2)^{-1}$ で与えられるような中心力の場における質点の運動の正準微分方程式系の解を求めよ．また，質点が原点に“衝突”するための条件と，衝突が起こる場合には衝突までの時間を求めよ．

# 第4章　Cauchy–Kovalevskaja の定理

この章では，解析関数に対する偏微分方程式の解の存在定理として最も基本的で重要な Cauchy-Kovalevskaja の定理を述べる．第4章は第3章までと独立に読める．

$C^n$ の点 $\mathring{z}=(\mathring{z}_1, \cdots, \mathring{z}_n)$ を中心とし，複素数を係数に持つベキ級数

$$\sum_{\substack{\alpha=(\alpha_1,\cdots,\alpha_n)\\ \alpha_i\geqq 0}} a_\alpha(z_1-\mathring{z}_1)^{\alpha_1}\cdots(z_n-\mathring{z}_n)^{\alpha_n}=\sum_{\alpha\in N^n} a_\alpha(z-\mathring{z})^\alpha \qquad (N=\{0,1,2,\cdots\})$$

が $\mathring{z}$ を含む領域 $U_{\mathring{z}}$ で**収束（する）ベキ級数**であるとは，$U_{\mathring{z}}$ 内の任意の点 $z$ に対し

$$\sum_{\alpha\in N^n} |a_\alpha(z-\mathring{z})^\alpha| < \infty$$

が成立することである．ここで，$(z_1-\mathring{z}_1)^{\alpha_1}\cdots(z_n-\mathring{z}_n)^{\alpha_n}$ のことを $(z-\mathring{z})^\alpha$ と略記する．また，$C^n$ の領域 $\Omega$ で定義された複素数値関数 $f(z)$ が $\Omega$ の点 $\mathring{z}$ で**解析的**であるとは，$f(z)$ が $\mathring{z}$ を含む十分小さな領域 $U_{\mathring{z}}$ で，$\mathring{z}$ を中心とする収束ベキ級数に表わされることであり，$f(z)$ が $\Omega$ の各点で解析的であるとき，$f(z)$ は $\Omega$ 上の**解析関数**であるという．$f(z)$ が $\mathring{z}$ において解析的なら，$\mathring{z}$ に十分近い点においても解析的であり，$f(z)$ の導関数も $\mathring{z}$ で解析的になる．

$\mathring{z}$ を中心とし，すべての係数が0または正のベキ級数

$$\psi(z)=\sum_{\alpha\in N^n} b_\alpha(z-\mathring{z})^\alpha$$

を考える．このとき，$\psi$ がベキ級数 $\varphi(z)=\sum_{\alpha\in N^n} a_\alpha(z-\mathring{z})^\alpha$ の**優級数**であるとは，

$$|a_\alpha| \leqq b_\alpha \qquad (\alpha\in N^n)$$

が成立することをいい，このとき $\varphi\ll\psi$ と表わす．この優級数 $\psi$ が $U_{\mathring{z}}$ で収束するならば，$\varphi$ も同様であることに注意しよう．

**補題 4.1**　$C^n$ の原点を中心とするベキ級数 $\varphi(z)=\sum_{\alpha\in N^n} a_\alpha z^\alpha$ が，領域 $\Omega_C=\{(z_1, \cdots, z_n)\in C^n \mid |z_1|+\cdots+|z_n|<C\}$ で収束するための必要十分条件は，$C$ より小さい任意の正数 $C'$ に対し，正数 $M_{C'}$ が存在して

$$\varphi(z) \ll M_{C'}\left(1-\frac{z_1+\cdots+z_n}{C'}\right)^{-1} \tag{4.1}$$

となることである.

**証明** まず，十分条件であることを示そう.

$z$ を $\Omega_C$ 内の任意の点とし，$C'=(|z_1|+\cdots+|z_n|+C)/2$ とおく．$\alpha=(\alpha_1, \cdots, \alpha_n) \in \boldsymbol{N}^n$ に対して，$|\alpha|=\alpha_1+\cdots+\alpha_n$，$\alpha!=\alpha_1!\cdots\alpha_n!$ という記号を用い，

$$b_\alpha = \frac{|\alpha|!M_{C'}}{\alpha!C'^{|\alpha|}}$$

とおくと，$\sum_{\alpha\in\boldsymbol{N}^n} b_\alpha z^\alpha = M_{C'}(1-(z_1+\cdots+z_n)/C')^{-1}$ が成立し，

$$\sum_{\alpha\in\boldsymbol{N}^n}|a_\alpha z^\alpha| \leqq \sum_{\alpha\in\boldsymbol{N}^n} b_\alpha|z^\alpha| = \sum_{i=0}^{\infty} M_{C'}\left(\frac{|z_1|+\cdots+|z_n|}{C'}\right)^i < \infty$$

となるから (4.1) は十分条件である.

次に必要条件であることを見よう．$C''=(C'+C)/2$ に対しベキ級数 $\sum_{\alpha\in\boldsymbol{N}^n}|a_\alpha z^\alpha|$ は $\Omega_{C''}$ の 閉包 $\overline{\Omega_{C''}}$ 上で連続となる．$\overline{\Omega_{C''}}$ 上でのその最大値を $L_{C'}$ とおくと，

$$x_1+\cdots+x_n = C'', \qquad x_i \geqq 0$$

を満たす $(x_1, \cdots, x_n) \in \boldsymbol{R}^n$ に対し

$$|a_\alpha|x^\alpha \leqq \sum_{\alpha\in\boldsymbol{N}^n}|a_\alpha x^\alpha| \leqq L_{C'}$$

が成立する.

$$\max_{\substack{x_1+\cdots+x_n=C''\\ x_i\geqq 0}} \frac{|\alpha|!}{\alpha!}x^\alpha \geqq (|\alpha|+1)^{-(n-1)}C''^{|\alpha|} \tag{4.2}$$

を用いれば，

$$|a_\alpha| \leqq \frac{|\alpha|!L_{C'}(|\alpha|+1)^{n-1}}{\alpha!C''^{|\alpha|}}$$

を得る．$M_{C'}=\max_{i\geqq 0} L_{C'}(i+1)^{n-1}(C'/C'')^i$ とおけば，$C''=(C'+C)/2>C'$ であるから $M_{C'}$ が定まり，この $M_{C'}$ に対して (4.1) が成立する. ▌

ここで，上の証明に使われた (4.2) 式を証明しておこう：

**補題 4.2** $$\max_{\substack{x_1+\cdots+x_n=C''\\ x_i\geqq 0}} \frac{|\alpha|!}{\alpha!}x^\alpha \geqq (|\alpha|+1)^{-(n-1)}C''^{|\alpha|}.$$

**証明** $f(x_1, \cdots, x_{n-1})=x_1{}^{\alpha_1}\cdots x_{n-1}{}^{\alpha_{n-1}}(C''-x_1-\cdots-x_{n-1})^{\alpha_n}$ とおくと，$\partial f/\partial x_i =(\alpha_i(C''-x_1-\cdots-x_{n-1})-\alpha_n x_i)x_i{}^{-1}(C''-x_1-\cdots-x_{n-1})^{-1}f$ であるから，最大

値が達成されるのは

$$\frac{x_1}{\alpha_1}=\frac{x_2}{\alpha_2}=\cdots=\frac{x_n}{\alpha_n},\qquad x_1+\cdots+x_n=C''$$

が成立するときである．この $x$ と，$|\beta|=|\alpha|$ を満たす $\beta\in\boldsymbol{N}^n$ に対して，

$$\frac{x_i{}^{\alpha_i}}{\alpha_i!}\Big/\frac{x_i{}^{\beta_i}}{\beta_i!}=\prod_{\nu=0}^{\alpha_i-\beta_i-1}\left(\frac{x_i}{\alpha_i-\nu}\right)\geqq\left(\frac{x_1}{\alpha_1}\right)^{\alpha_i-\beta_i}\qquad(\alpha_i\geqq\beta_i\ \text{のとき})$$

$$=\prod_{\nu=1}^{\beta_i-\alpha_i}\left(\frac{x_i}{\alpha_i+\nu}\right)^{-1}\geqq\left(\frac{x_1}{\alpha_1}\right)^{\alpha_i-\beta_i}\qquad(\alpha_i<\beta_i\ \text{のとき})$$

となるので，

$$\frac{|\alpha|!}{\alpha!}x^\alpha\geqq\left(\prod_{i=1}^{n}\left(\frac{x_1}{\alpha_1}\right)^{\alpha_i-\beta_i}\right)\frac{|\beta|!}{\beta!}x^\beta=\frac{|\beta|!}{\beta!}x^\beta$$

を得る．よって，

$$C''^{|\alpha|}=(x_1+\cdots+x_n)^{|\alpha|}=\sum_{|\beta|=|\alpha|}\frac{|\beta|!}{\beta!}x^\beta$$

$$\leqq\frac{(|\alpha|+n-1)!}{|\alpha|!(n-1)!}\frac{|\alpha|!}{\alpha!}x^\alpha\leqq(|\alpha|+1)^{n-1}\frac{|\alpha|!}{\alpha!}x^\alpha$$

となり，補題4.2がわかる．∎

**注意**　$\Omega_C$ で解析的な関数 $\varphi(z)$ は，Cauchy の積分公式により，

$$\varphi(z)=(2\pi\sqrt{-1})^{-n}\int_{|w_1|=x_1}\cdots\int_{|w_n|=x_n}\frac{f(w)\,dw_1\cdots dw_n}{(w_1-z_1)\cdots(w_n-z_n)}$$

と表わせる．ただし，$|z_i|<x_i$，$x_1+\cdots+x_n=C'<C$ である．よって，$\varphi(z)$ のベキ級数展開 $\sum_{\alpha\in\boldsymbol{N}^n}a_\alpha z^\alpha$ において

$$a_\alpha=(\alpha!)^{-1}(\partial/\partial z_1)^{\alpha_1}\cdots(\partial/\partial z_n)^{\alpha_n}\varphi(z)|_{z=0}$$

$$=(2\pi\sqrt{-1})^{-n}\int_{|w_1|=x_1}\cdots\int_{|w_n|=x_n}\frac{\varphi(w)\,dw_1\cdots dw_n}{w_1{}^{\alpha_1+1}\cdots w_n{}^{\alpha_n+1}}$$

となるので

$$|a_\alpha|x^\alpha\leqq(2\pi)^{-n}(2\pi x_1)\cdots(2\pi x_n)x_1{}^{-1}\cdots x_n{}^{-1}\sup_{z\in\Omega_{C'}}|\varphi(z)|=\sup_{z\in\Omega_{C'}}|\varphi(z)|$$

を満たす．よって，補題4.1の証明から明らかなようにベキ級数展開が $\Omega_C$ で $\varphi(z)$ に収束することがわかる．

しかし，一般の領域 $\Omega$ では，そこで正則な関数 $\varphi(z)$ が $\Omega$ 内のある点を中心にしてベキ級数展開したとき，そのベキ級数が $\Omega$ 全体で $\varphi(z)$ に収束するとは限らない．

**定理 4.1** (**逆写像定理**)　$\boldsymbol{C}^n$ の原点の近傍 $U$ から $\boldsymbol{C}^n$ への解析的写像 $\varphi=(\varphi_1,\cdots,\varphi_n)$ があって(すなわち，$\varphi_j$ が $U$ で解析的)，$\varphi(0)=0$ を満たしているとする．

もし $\varphi$ の関数行列式が原点で0でなければ，$C^n$ の原点の近傍 $V, W$ が存在して，$\varphi$ は $V$ から $W$ の上への位相同型写像となり，逆写像も解析的である．

**証明**　$\varphi$ の原点での関数行列の逆行列 $A=(a_{ij})_{1\leq i,j\leq n}$ に対し，

$$f_i(z) = z_i - \sum_{j=1}^{n} a_{ij}\varphi_j(z)$$

とおくと，写像

(4.3)
$$w_j = \varphi_j(z) \qquad (j=1, \cdots, n)$$

は

(4.4)
$$z_i = \sum_{j=1}^{n} a_{ij}w_j + f_i(z) \qquad (i=1, \cdots, n)$$

と表現される．ここで，$f_i(z)$ のベキ級数展開は，0次と1次の項が無いことに注意しておこう．

さて，$\varphi$ の逆写像 $\psi$ が存在するならば

(4.5)
$$z_i = \psi_i(w) = \sum_{\alpha\in \boldsymbol{N}^n-\{0\}} b_{\alpha i}w^\alpha$$

とおいて(4.4)に代入したとき，両辺のベキ級数展開の各係数は等しくなければならない．このことから，$b_{\alpha i}$ は $|\alpha|$ が小なるものから順に，帰納的に唯一に定まることがわかる．実際，両辺の $w^\alpha$ の係数を見ると，左辺は $b_{\alpha i}$ であり，右辺は，$f_i(z)$ に0次，1次の項が無いので，$|\beta|<|\alpha|$ を満たす $b_{\beta j}$ のみで定まり，帰納的に $b_{\alpha i}$ が決まる．

次に，このようにして定められたベキ級数が原点の近傍で収束することを**優級数の方法**で示そう．$f_i(z)$ は原点で解析的だから，適当に正数 $L, M$ を選ぶと

$$f_i(z) \ll ML^{-2}(1-L(z_1+\cdots+z_n))^{-1}$$

となるが，$f_i(z)$ のベキ級数展開には0次と1次の項が無いので，実際は

$$\begin{aligned} f_i(z) &\ll ML^{-2}(1-L(z_1+\cdots+z_n))^{-1}-(ML^{-2}+ML^{-1}(z_1+\cdots+z_n)) \\ &= M(z_1+\cdots+z_n)^2(1-L(z_1+\cdots+z_n))^{-1} \end{aligned}$$

である．$N$ を $|a_{ij}|$ の最大値とする．(4.4)のかわりに

(4.6)
$$z_i = N(w_1+\cdots+w_n)+M(z_1+\cdots+z_n)^2(1-L(z_1+\cdots+z_n))^{-1} \qquad (i=1, \cdots, n)$$

とおいて，

(4.7)
$$z_i = \tilde{\psi}_i(w) = \sum_{\alpha\in \boldsymbol{N}^n-\{0\}} \tilde{b}_{\alpha i}w^\alpha$$

を (4.6) に代入したとき，その両辺が $w$ のベキ級数として等しくなるようなベキ級数 $\tilde{\psi}_i(w)$ が存在して唯一に定まる．これはベキ級数 $\psi_i(w)$ の場合とまったく同様であるが，$b_{\alpha i}$ と $\tilde{b}_{\alpha i}$ の決め方を比べれば，

$$\psi_i(w) \ll \tilde{\psi}_i(w) \tag{4.8}$$

となることがわかる．また，$\tilde{\psi}_i(w)$ は $i$ によらないから $t=(z_1+\cdots+z_n)/n$ とおいて

$$t = N(w_1+\cdots+w_n)+Mn^2t^2(1-nLt)^{-1}$$

を解けば，

$$\tilde{\psi}_i(w) = t$$

$$= \frac{1+nLN(w_1+\cdots+w_n)-\{(1-nLN(w_1+\cdots+w_n))^2-4n^2MN(w_1+\cdots+w_n)\}^{1/2}}{2(nL+n^2M)}$$

を得る．この $\tilde{\psi}_i(w)$ は原点のある近傍 $W''$ で解析的だから $\psi_i(w)$ も同様である．$W'=\psi^{-1}(U)\cap W''$ とおけば，$\psi$ は $W'$ から $\boldsymbol{C}^n$ への解析的写像を定義し，

$$\varphi\circ\psi|_{W'} = \mathrm{id}|_{W'} \tag{4.9}$$

となる．

$$\begin{array}{ccccc} \boldsymbol{C}^n \supset & V & \underset{\psi}{\overset{\varphi}{\rightleftarrows}} & W & \subset \boldsymbol{C}^n. \\ & \rotatebox{90}{$\in$} & & \rotatebox{90}{$\in$} & \\ & z & & w & \end{array}$$

一方，$\varphi$ を $\psi$ に置き換えていまと同様の議論をすれば，$\boldsymbol{C}^n$ の原点のある近傍 $V'$ から $\boldsymbol{C}^n$ への解析的写像 $\varphi'$ が存在して

$$\psi\circ\varphi'|_{V'} = \mathrm{id}|_{V'} \tag{4.10}$$

を得る．そこで，$V=V'\cap\varphi'^{-1}(W')$，$W=W'\cap\varphi(V')$ とおけば，

$$\varphi'|_V = \varphi\circ\psi\circ\varphi'|_V = \varphi|_V$$

となり，$\varphi$ は $V$ から $W$ の上への写像で，$\psi|_W$ がその逆写像であることがわかる．よって，$\varphi: V\to W$ は位相同型写像で，その逆写像も解析的である．∎

**定理 4.2**（**陰関数定理**）　$\varphi=(\varphi_1(z_1,\cdots,z_m),\cdots,\varphi_n(z_1,\cdots,z_m))$ を $\boldsymbol{C}^m$ の原点の近傍 $U$ から $\boldsymbol{C}^n$ への解析的写像で，$\varphi(0)=0$，$m\geqq n$ とする．関数行列式 $|\partial(\varphi_1,\cdots,\varphi_n)/\partial(z_1,\cdots,z_n)|$ が原点で 0 でないから，$\boldsymbol{C}^m$ のある近傍 $W$ からある近傍 $V$ の上への解析的微分同相写像 $\psi=(\psi_1,\cdots,\psi_m)$ で

$$\varphi_i(\psi_1(w_1,\cdots,w_m),\cdots,\psi_m(w_1,\cdots,w_m)) = w_i \qquad (i=1,\cdots,n),$$

$$\psi_j(w_1, \cdots, w_m) = w_j \qquad (j=n+1, \cdots, m)$$

を満たすものが存在して唯一に定まる.

**証明** $U$ から $\boldsymbol{C}^m$ への写像を

$$(z_1, \cdots, z_m) \longmapsto (\varphi_1(z_1, \cdots, z_m), \cdots, \varphi_n(z_1, \cdots, z_m), z_{n+1}, \cdots, z_m)$$

で定義し，定理 4.1 を適用すればよい．これの逆写像が $\psi$ である．∎

**注意** 定理 4.1 と定理 4.2 において，$\boldsymbol{C}$ を $\boldsymbol{R}$ に，解析的を実解析的に置き換えた定理が成立する．原点でのベキ級数展開を考えれば，その証明は全く同様であることがわかる．ただ，現われるすべてのベキ級数は，その係数が実数となることに注意すればよい．

**定理 4.3（Cauchy-Kovalevskaja の定理，線型の場合）** $N$ 個の関数の組 $u=(u_1(t, z_1, \cdots, z_n), \cdots, u_N(t, z_1, \cdots, z_n))$ に対する線型偏微分作用素

$$P_k u \equiv \frac{\partial^{m_k} u_k}{\partial t^{m_k}} - \sum_{1\leq i\leq N} \sum_{\substack{j+|\alpha|\leq m_i \\ j\leq m_i-1}} a_{j\alpha}{}^{ki}(t, z) \frac{\partial^{j+|\alpha|} u_i}{\partial t^j \partial z_1{}^{\alpha_1} \cdots \partial z_n{}^{\alpha_n}} \qquad (k=1, \cdots, N)$$

が与えられていて，関数 $a_{j\alpha}{}^{ki}(t, z)$ は

$$\overline{U_L} = \{(t, z) \in \boldsymbol{C}^{1+n} \mid |t|+|z_1|+\cdots+|z_n| \leq L^{-1}\}$$

の近傍で解析的であるとする．このとき，正数 $L$ より大きい任意の正数 $L'$ に対し正数 $K$ $(\geqq 1)$ が存在し，

$$V_{L'} = \{z \in \boldsymbol{C}^n \mid |z_1|+\cdots+|z_n| < L'^{-1}\},$$
$$U_{K, L'} = \{(t, z) \in \boldsymbol{C}^{1+n} \mid K|t|+|z_1|+\cdots+|z_n| < L'^{-1}\}$$

とおくと次のことが成立する．

$U_{K,L'}$ で解析的な関数 $f_k(t, z)$ と，$V_{L'}$ で解析的な関数 $h_j{}^k(z)$ $(k=1, \cdots, N;\ j=0, \cdots, m_k-1)$ を任意に与えたとき，未知関数 $u_1(t, z_1, \cdots, z_n), \cdots, u_N(t, z_1, \cdots, z_n)$ に対する線型偏微分方程式系

$$\mathcal{M}\colon\ P_k u = f_k \qquad (k=1, \cdots, N)$$

には，初期条件

$$\left.\frac{\partial^j u_k}{\partial t^j}\right|_{t=0} = h_j{}^k \qquad (k=1, \cdots, N;\ j=0, \cdots, m_k-1) \tag{4.11}$$

を満たす原点で解析的な解がただ一組存在し，それは $U_{K,L'}$ で解析的となる．

この $K$ は次のように選べば十分である．

$$K = \max\left\{1, \left(\frac{(m+n)!}{m!n!}-1\right)\left(\frac{2L'N}{L'-L}\right) \max_{l\geq 0}(l+1)^n \left(\frac{2L}{L'+L}\right)^l \cdot \max_{\substack{(t,z)\in\overline{U_L} \\ j+|\alpha|=m_i}} |a_{j\alpha}{}^{ki}(t, z)|\right\}.$$

ここで，$m$ は $m_i$ $(i=1, \cdots, N)$ の最大値である．

**証明**
$$v_k = u_k - \sum_{j=0}^{m_k-1} \frac{h_j{}^k(z)t^j}{j!} \qquad (k=1, \cdots, N)$$
とおいて，$v=(v_1, \cdots, v_N)$ に対する問題に変換すれば，方程式は
$$\mathcal{N}:\ P_k v = g_k \qquad (k=1, \cdots, N),$$
初期条件は
$$\left.\frac{\partial^j v_k}{\partial t^j}\right|_{t=0} = 0 \qquad (k=1, \cdots, N;\ j=0, \cdots, m_k-1) \tag{4.12}$$
となる．ただし，$g_k$ は
$$g_k = f_k - P_k\left(\sum_{j=0}^{m_1-1} \frac{h_j{}^1(z)t^j}{j!}, \cdots, \sum_{j=0}^{m_N-1} \frac{h_j{}^N(z)t^j}{j!}\right)$$
で与えられる．

最初に，(4.12) を満たす $\mathcal{N}$ のベキ級数解
$$v_i(t, z) = \sum c_{j\alpha}{}^i t^j z^\alpha \qquad (i=1, \cdots, N)$$
がただ一組存在することを示そう．まず，初期条件 (4.12) により，$l \leqq m_k-1$ のとき $c_{l\alpha}{}^k=0$ を得る．このとき $\mathcal{N}$ を満たすような $c_{l\alpha}{}^k$ が帰納的に唯一に定まることを見よう．$l \geqq m_k$ に対し，$\mathcal{N}$ の左辺のベキ級数展開の $t^{l-m_k}z^\alpha$ の係数は，$\partial^{m_k}u_k/\partial t^{m_k}$ の項が $l(l-1)\cdots(l-m_k+1)c_{l\alpha}{}^k$ で，残りの項は $j \leqq l-m_k+m_i-1$, $j+|\beta| \leqq l+|\alpha|-m_k+m_i$ を満たす $c_{j\beta}{}^i$ にしかよらない．よって，$c_{l\alpha}{}^k$ は $l+|\alpha|-m_k$ が小なるものから，それが等しいときは $l-m_k$ が小なるものから順に唯一に決まることがわかる．

次に，いま求めたベキ級数解 $v_i$ の解析性を優級数の方法によって示そう．正数 $K \geqq 1$ に対し
$$s = Kt+z_1+\cdots+z_n \tag{4.13}$$
とおき，$(t, z)$ のベキ級数と考えて $v_i(t, z)$ の優級数 $w_i(s)$ を構成しよう．$L_1$ を $L'$ より大きな任意の正数とし，$L_2=(L'+L)/2$ とおくと，正数 $M_1, M_2, M_3$ が存在して
$$\begin{cases} a_{j\alpha}{}^{ki}(t, z) \ll M_1(1-L_2 s)^{-1} & (j+|\alpha|=m_i \text{ のとき}), \\ a_{j\alpha}{}^{ki}(t, z) \ll M_2(1-L_1 s)^{-1} & (j+|\alpha|<m_i \text{ のとき}), \\ g_k(t, z) \ll M_3(1-L_1 s)^{-1} \end{cases} \tag{4.14}$$

となる．たとえば $M_1$ は，補題4.1の証明と137ページの注意から

$$M_1 = \max_{l \geqq 0} (l+1)^n \left(\frac{2L}{L'+L}\right)^l \cdot \max_{\substack{(t,z) \in \overline{U}_L \\ j+|\alpha|=m_i}} |a_{j\alpha}{}^{ki}(t,z)|$$

とすれば十分であることがわかる．

さて，

$$\frac{\partial^{j+|\alpha|} w_i(s)}{\partial t^j \partial z_1{}^{\alpha_1} \cdots \partial z_n{}^{\alpha_n}} = K^j w_i{}^{(j+|\alpha|)}(s)$$

となることに注意すると，$c_{j\alpha}{}^i$ の決め方を見ることにより，ベキ級数 $w_i(s)$ $(i=1, \cdots, N)$ が

$$(4.15) \quad \begin{cases} K^{m_k} w_k{}^{(m_k)}(s) \gg \dfrac{M_1}{1-L_2 s} \displaystyle\sum_{i=1}^{N} \left(\frac{(m_i+n)!}{m_i!n!} - 1\right) K^{m_i-1} w_i{}^{(m_i)}(s) \\ \qquad\qquad + \dfrac{M_2}{1-L_1 s} \displaystyle\sum_{i=1}^{N} \sum_{j=0}^{m_i-1} \frac{(j+n)!}{j!n!} K^j w_i{}^{(j)}(s) + \dfrac{M_3}{1-L_1 s}, \\ w_k(s) \gg 0 \qquad\qquad (k=1, \cdots, N) \end{cases}$$

を満たすなら $w_i(s) \gg v_i(t,z)$ が成立することがわかる．

さらに，同様な考察によって，

(4.16)

$$\begin{cases} K \dfrac{dw_{k,m_k-1}}{ds}(s) \gg \dfrac{M_1 M_4}{1-L_2 s} \displaystyle\sum_{i=1}^{N} \frac{dw_{i,m_i-1}}{ds}(s) + \frac{M_2 M_4}{1-L_1 s} \sum_{i=1}^{N} \sum_{j=0}^{m_i-1} w_{i,j}(s) + \frac{M_3}{1-L_1 s}, \\ \dfrac{dw_{k,l}}{ds}(s) \gg w_{k,l+1}(s), \\ w_{k,l}(s) \gg 0 \qquad\qquad (k=1, \cdots, N;\ l=0, \cdots, m_k-2) \end{cases}$$

を満たすベキ級数 $w_{i,j}(s)$ $(i=1, \cdots, N;\ j=0, \cdots, m_i-1)$ に対し，$w_i{}^{(j)}(s) \ll K^{1-m_i} \cdot w_{i,j}(s) \ll w_{i,j}(s)$ が成立する．ただし，ここで

$$M_4 = \max_{1 \leqq l \leqq N} \left(\frac{(m_l+n)!}{m_l!n!} - 1\right)$$

とおいた．

最後に，

$$K = \max\left\{\frac{2L'M_1M_4N}{L'-L}, 1\right\}$$

とおいて，常微分方程式

(4.17)

$$\begin{cases} \dfrac{dw}{ds} = \left(K - \dfrac{M_1M_4N}{1-L_2s}\right)^{-1}\left(\dfrac{M_2M_4}{1-L_1s}\sum_{i=1}^{N} m_i w + \dfrac{M_3}{1-L_1s} + (K-M_1M_4N)w\right), \\ w(0) = 0 \end{cases}$$

を考えよう.

$$\left(\frac{2L'M_1M_4N}{L'-L} - \frac{M_1M_4N}{1-L_2s}\right)^{-1} = M_1M_4N\left(\frac{L'+L}{L'-L} - \frac{(L'+L)s}{2-(L'+L)s}\right)^{-1}$$

となるので, 関数

$$a(s) = \left(K - \frac{M_1M_4N}{1-L_2s}\right)^{-1}\left(\frac{M_2M_4N}{1-L_1s}\sum_{i=1}^{N} m_i + K - M_1M_4N\right),$$

$$b(s) = \left(K - \frac{M_1M_4N}{1-L_2s}\right)^{-1}\frac{M_3}{1-L_1s}$$

は, $W_{L_1} = \{s \in \boldsymbol{C} \mid |s| < L_1{}^{-1}\}$ における解析関数となり, 原点でのそれらのベキ級数展開の各係数は 0 または正の数である. したがって, (4.17) のベキ級数解 $w(s)$ がただ一つ存在し, $w(s) \gg 0$ となることが, $\mathcal{N}$ の場合と同様にしてわかる. また,

$$w(s) = \left(\exp\int_0^s a(s_1)\,ds_1\right)\int_0^s b(s_2)\exp\left(\int_0^{s_2} -a(s_3)\,ds_3\right)ds_2$$

と解が具体的に与えられるので, $w(s)$ も $W_{L_1}$ で解析的になることがわかる.

この $w(s)$ に対し, $w_{i,j}(s) = w(s)$ $(i=1, \cdots, N;\ j=0, \cdots, m_i-1)$ とおくと, それは (4.16) を満たすことが言える. 実際,

$$\begin{aligned} K\frac{dw}{ds} &= \frac{M_1M_4N}{1-L_2s}\frac{dw}{ds} + \frac{M_2M_4}{1-L_1s}\sum_{i=1}^{N} m_i w + \frac{M_3}{1-L_1s} + (K-M_1M_4N)w \\ &\gg \frac{M_1M_4N}{1-L_2s}\frac{dw}{ds} + \frac{M_2M_4}{1-L_1s}\sum_{i=1}^{N} m_i w + \frac{M_3}{1-L_1s}, \end{aligned}$$

$$\frac{dw}{ds} \gg \left(K - \frac{M_1M_4N}{1-L_2s}\right)^{-1}(K-M_1M_4N)w \gg w$$

から明らかである.

以上をあわせると, $v_i(t,z) \ll w(s)$ を得, $w(s)$ は $W_{L_1}$ で解析的であるから, $v_i(t,z)$ は $U_{K,L_1}$ で解析的であることがわかる. $L_1$ は $L'$ より大きい任意の正数であったから, $v_i(t,z)$ は $U_{K,L'}$ で解析的となり, したがって (4.11) を満たす $\mathcal{M}$

の解 $u_i(t,z)$ も同様である. ∎

**注意**　定理4.3において，添字が $j+|\alpha|<m_i$ を満たす関数 $a_{j\alpha}{}^{ki}(t,z)$ に対しては，それらが $U_{K,L'}$ で解析的であることだけしか証明に使わなかったので ((4.14) を見よ)，定理4.3の仮定はそのように弱められる.

**定理 4.4**　線型常微分方程式系

$$\mathcal{M}:\ \frac{d^{m_k}u_k}{dz^{m_k}}(z)-\sum_{i=1}^{N}\sum_{j=0}^{m_i-1}a_j{}^{ki}(z)\frac{d^ju_i}{dz^j}(z)=f_k(z)\qquad (k=1,\cdots,N)$$

と初期条件

$$(4.18)\qquad \frac{d^ju_k}{dz^j}(0)=h_j{}^k\qquad (k=1,\cdots,N;\ j=0,\cdots,m_k-1)$$

において，関数 $a_j{}^{ki}(z)$ と $f_k(z)$ は原点を含む複素平面内の領域 $\Omega$ 上で解析的であると仮定する．このとき，初期条件 (4.18) を満たす $\mathcal{M}$ の解析的解は，原点を出発点とする $\Omega$ 内の任意の曲線 $c:[0,1]\to\Omega$ に添って解析接続される.

**証明**　原点の近傍での解の存在は定理4.3からわかる．結論を否定すれば，解が $c:[0,t^0)\to\Omega$ まで接続されるが，$t>t^0$ ならば $c:[0,t)\to\Omega$ には接続されないような $t^0\in(0,1)$ が存在すると仮定してよい．$z^0=c(t^0)$ とおき，$z^0$ の近傍

$$B(4\varepsilon\,;z^0)\equiv\{z\in\boldsymbol{C}\mid |z-z^0|<4\varepsilon\}$$

が $\Omega$ に含まれるように正数 $\varepsilon$ を選ぶ．さらに，$0\leqq t^1<t^0<t^2\leqq 1$ を満たす正数 $t^1$, $t^2$ を

$$c([t^1,t^2])\subset B(\varepsilon\,;z^0)$$

となるようにとると，$z^1=c(t^1)$ とおいたとき

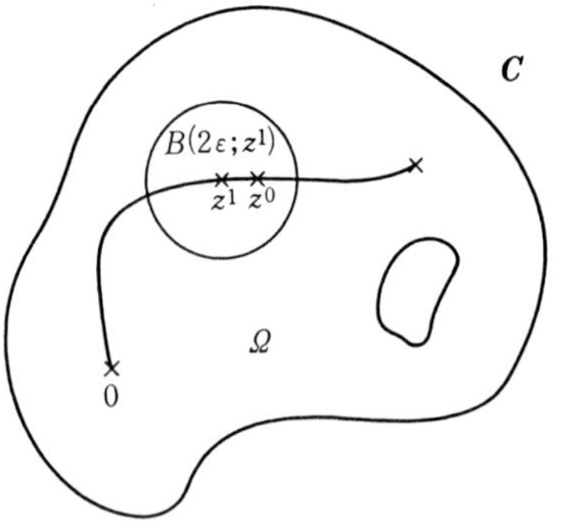


図 4.1

$$z^0 \in c([t^1, t^2]) \subset B(2\varepsilon\,;z^1) \subset \overline{B(3\varepsilon\,;z^0)} \subset \Omega$$

が成立する．

$u_k(z)$ の $j$ 次の導関数の $c(t^1)$ での値を $g_j{}^k$ とおき，初期条件

$$\text{(4.19)} \qquad \frac{d^j u_k}{dz^j}(z^1) = g_j{}^k \qquad (k=1, \cdots, N;\ j=0, \cdots, m_k-1)$$

のもとで方程式 $\mathscr{M}$ を考える．$a_j{}^{ki}(z)$ と $f_k(z)$ は $\overline{B(2\varepsilon\,;z^1)}$ の近傍で解析的である．$z$ を $z-z^1$ と変換して定理 4.3 を適用しよう．定理 4.3 において $n=0$ だから $K=1$ となることに注意すれば，(4.19) を満たす $\mathscr{M}$ の解が唯一に存在して $B(2\varepsilon\,;z^1)$ で解析的となることがわかる．解の一意性から，この解は $c:[0,t^1]\to\Omega$ に添って接続してきた解と一致するので，その解はさらに $c:[0,t^2]\to\Omega$ にまで接続されることがわかる．これは矛盾である．▌

**注意** 定理 4.4 から，領域 $\Omega$ が単連結ならば，解 $(u_1(z), \cdots, u_N(z))$ は $\Omega$ 上で解析的になることがわかる．しかし，$\Omega$ が単連結でないならば，接続していった解は 1 価関数になるとは限らず，一般には $\Omega$ 上の多価解析関数になってしまう．たとえば，$\Omega=\boldsymbol{C}-\{-1\}$ で定義された微分方程式 $(\lambda \in \boldsymbol{C})$

$$\begin{cases} \dfrac{du}{dz} - \lambda\dfrac{u}{z+1} = 0, \\ u(0) = 1 \end{cases}$$

の解は，$u=(z+1)^{\lambda}$ である．

**定理 4.5 (Cauchy-Kovalevskaja の定理，一般の場合)** 関数 $u_1(t, z_1, \cdots, z_n)$, $\cdots, u_N(t, z_1, \cdots, z_n)$ の偏導関数を

$$p_{j\alpha}{}^i = \frac{\partial^{j+|\alpha|}u_i}{\partial t^j \partial z_1{}^{\alpha_1} \cdots \partial z_n{}^{\alpha_n}}$$

と表わそう．未知関数 $u_1, \cdots, u_N$ に対する偏微分方程式系

$$\mathscr{M}\colon\ f_k(p, t, z) = 0 \qquad (k=1, \cdots, N)$$

を考える．ここで，$p=(p_{j\alpha}{}^i)_{1\leq i\leq N,\, j+|\alpha|\leq m_i}$，$z=(z_1, \cdots, z_n)$ で，$m_1, \cdots, m_N$ は非負整数である．また，関数 $f_k(p, t, z)$ は点 $(\mathring{p}, \mathring{t}, \mathring{z})$ で解析的で

$$\left|\frac{\partial(f_1, \cdots, f_N)}{\partial(p_{m_1 0}{}^1, \cdots, p_{m_N 0}{}^N)}\right|(\mathring{p}, \mathring{t}, \mathring{z}) \neq 0.$$

$$f_k(\mathring{p}, \mathring{t}, \mathring{z}) = 0 \quad (k=1, \cdots, N)$$

となっているとする．

このとき，$\mathring{z}$ で解析的な関数 $h_j{}^i(z)$ $(i=1, \cdots, N;\ j=0, \cdots, m_i-1)$ が

$$\mathring{p}_{j\alpha}{}^i = \frac{\partial^{|\alpha|}h_j{}^i}{\partial z_1{}^{\alpha_1}\cdots\partial z_n{}^{\alpha_n}}(\mathring{z}) \qquad (i=1, \cdots, N;\ j=0, \cdots, m_i-1)$$

を満たすならば，初期条件

$$\frac{\partial^j u_k}{\partial t^j}(\mathring{t}, z) = h_j{}^k(z) \qquad (k=1, \cdots, N;\ j=0, \cdots, m_k-1) \tag{4.20}$$

を満たし，$(\partial^{m_k}u_k/\partial t^{m_k})(\mathring{t}, \mathring{z}) = \mathring{p}_{m_k 0}{}^k$ $(k=1, \cdots, N)$ となる $\mathcal{M}$ の解析的な解が $(\mathring{t}, \mathring{z})$ の近傍で唯一に存在する．

**証明**　$$v_k(t, z) = u_k(t+\mathring{t}, z+\mathring{z}) - \sum_{j=0}^{m_k-1}\frac{h_j{}^k(z+\mathring{z})t^j}{j!} - \frac{\mathring{p}_{m_k 0}{}^k t^{m_k}}{m_k!}$$

とおいて，$v=(v_1, \cdots, v_N)$ に対する問題に変換し，$v_i$ の偏導関数を $q_{j\alpha}{}^i$ と表わして，変数 $(p, t, z)$ の代わりに $(q, t, z)$ を用いる．新しい変数 $(q, t, z)$ で，点 $(\mathring{p}, \mathring{t}, \mathring{z})$ は原点に対応し，初期条件は

$$\left.\frac{\partial^j v_k}{\partial t^j}\right|_{t=0} = 0 \qquad (k=1, \cdots, N;\ j=0, \cdots, m_k-1) \tag{4.21}$$

となる．陰関数の定理を用いれば，$\mathcal{M}$ は次の形をしていると仮定してよい．

$$\mathcal{N}:\ q_{m_k 0}{}^k - g_k(q', t, z) = 0 \qquad (k=1, \cdots, N).$$

ただし，$q' = (q_{j\alpha}{}^i)_{1\leq i\leq N;\, j\leq m_i-1;\, j+|\alpha|\leq m_i}$ で，$g_k$ は原点で解析的で，$g_k(0, 0, 0)=0$ を満たす．

(4.21) を満たす $\mathcal{N}$ のベキ級数解 $v_i(t, z)$ $(i=1, \cdots, N)$ がただ一組存在することは，定理 4.3 の証明と全く同様である．そこで，原点で解析的な $v_i$ の優級数を構成しよう．

定理 4.3 の証明を参照し，$s$ を (4.13) により定義する．$g_k(0, 0, 0)=0$ に注意すれば，(4.15) に対応して $w_i(s)$ が

$$\begin{cases} K^{m_k}w_k{}^{(m_k)}(s) \gg M\left(1-L\left(\displaystyle\sum_{i=1}^{N} K^{m_i-1}w_i{}^{(m_i)}(s)\right.\right. \\ \qquad\qquad \left.\left. +\displaystyle\sum_{i=1}^{N}\sum_{j=0}^{m_i-1}K^j w_i{}^{(j)}(s)+s\right)\right)^{-1} - M, \\ w_k(s) \gg 0 \qquad\qquad (k=1, \cdots, N) \end{cases} \tag{4.22}$$

を満たせば $w_i(s) \gg v_i(t, z)$ となるような正数 $L, M$ の存在がわかる．さらに，(4.16) に対応して

(4. 23)

$$\begin{cases} K\dfrac{dw_{k,m_k-1}}{ds}(s) \gg M\left(1-L\left(\displaystyle\sum_{i=1}^{N}\dfrac{dw_{i,m_i-1}}{ds}(s)+\sum_{i=1}^{N}\sum_{j=0}^{m_i-1}w_{i,j}(s)+s\right)\right)^{-1}-M, \\ \dfrac{dw_{k,l}}{ds}(s) \gg w_{k,l+1}(s), \\ w_{k,j}(s) \gg 0 \qquad (k=1,\cdots,N;\ l=0,\cdots,m_k-2) \end{cases}$$

となるベキ級数に対し，$w_{i,0}(s) \gg w_i(s)$ が成立する．

次に，微分方程式

$$K\frac{dw}{ds}=(M+Kw)\left(1-LN\frac{dw}{ds}\right)^{-1}\left(1-L\left(\sum_{i=1}^{N}m_iw+s\right)\right)^{-1}-M \tag{4.24}$$

を考えよう．書き直せば，これは

$$\begin{cases} (K-MLN)\dfrac{dw}{ds}-KLN\left(\dfrac{dw}{ds}\right)^2=a(s,w), \\ a(s,w)=(M+Kw)\left(1-L\left(\displaystyle\sum_{i=1}^{N}m_iw+s\right)\right)^{-1}-M \end{cases} \tag{4.25}$$

となり，$a(s,w)$ を $(s,w)$ に関してベキ級数展開すれば，定数項は 0 で，その他の項は正または 0 である．ここで

$$K=MLN+1$$

とおく．(4. 25) を $s$ に関して微分することにより

$$\frac{d^2w}{ds^2}=\left(\frac{\partial a}{\partial s}(s,w)+\frac{dw}{ds}\frac{\partial a}{\partial w}(s,w)\right)\left(1-2KLN\frac{dw}{ds}\right)$$

を得るので，$w(0)=0$，$(dw/ds)(0)=0$ を満たす (4. 24) のベキ級数解 $w(s)$ がただ一つ存在して，$w(s)\gg 0$ となることがわかる．

この $w(s)$ に対し

$$\begin{aligned} K\frac{dw}{ds}&=(M+Kw)\left(1-LN\frac{dw}{ds}\right)^{-1}\left(1-L\left(\sum_{i=1}^{N}m_iw+s\right)\right)^{-1}-M \\ &\gg (M+Kw)\left(1-L\left(N\frac{dw}{ds}+\sum_{i=1}^{N}m_iw+s\right)\right)^{-1}-M \\ &\gg M\left(1-L\left(N\frac{dw}{ds}+\sum_{i=1}^{N}m_iw+s\right)\right)^{-1}+Kw-M \end{aligned}$$

であるから，$w_{i,j}(s)=w(s)$ とおけば，それは (4. 23) を満たす．最後に，$w(s)$ が原点で解析的であることを示せば証明が終わる．

陰関数の定理を用いることにより，$w(0)=0$, $(dw/ds)(0)=0$ となる $w$ に対して，方程式(4.25)は

$$\text{(4.26)}\qquad \begin{cases} \dfrac{dw}{ds} = b(s,w), \\ w(0) = 0 \end{cases}$$

と同値である．$b(s,w)$ は原点で解析的なある関数で，$b(0,0)=0$ を満たす．正数 $M', L'$ を十分大きくとれば

$$b(s,w) \ll M'(1-L'(s+w))^{-1} \ll M'(1-2L's)^{-1}(1-2L'w)^{-1}$$

となり，

$$\text{(4.27)}\qquad \begin{cases} \dfrac{d\tilde{w}}{ds} = M'(1-2L's)^{-1}(1-2L'\tilde{w})^{-1}, \\ \tilde{w}(0) = 0 \end{cases}$$

のベキ級数解 $\tilde{w}(s)$ は，$\tilde{w}(s) \gg w(s)$ を満たす．ところが

$$\tilde{w}(s) = \frac{1-\sqrt{1+2M'\log(1-2L's)}}{2L'}$$

となって，$\tilde{w}(s)$ は原点で解析的となり，したがって $w(s)$ も同様である．∎

## 問　　題

**1**　$(1-(z_1+\cdots+z_n))^{-1} = \sum_{i_1\geqq 0,\cdots,i_n\geqq 0} a_{i_1,\cdots,i_n} z_1{}^{i_1}\cdots z_n{}^{i_n}$ とおき，関数

$$u(z) = \sum_{i_1\geqq j_1\geqq 1,\cdots,i_n\geqq j_n\geqq 1} a_{i_1!j_1,\cdots,i_n!j_n} z_1{}^{i_1!j_1}\cdots z_n{}^{i_n!j_n}$$

を定義する．$u(z)$ は $U=\{(z_1,\cdots,z_n)\in \boldsymbol{C}^n \mid |z_1|+\cdots+|z_n|<1\}$ で解析的であるが，$U$ を真部分集合として含む $\boldsymbol{C}^n$ のいかなる領域上の解析関数にも拡張されない．

［ヒント］　有理数 $\theta_1,\cdots,\theta_n$ に対し，正数 $r_1,\cdots,r_n$ を動かしたときの点 $(r_1 e^{\sqrt{-1}\theta_1\pi},\cdots, r_n e^{\sqrt{-1}\theta_n\pi})$ での $u$ の値を調べよ．

**2**　原点で解析的な1変数関数 $f(z)$ が，$f(0)=0$, $f'(0)\neq 0$ を満たすと仮定する．$f(z)$ が $B(L)=\{z\in \boldsymbol{C} \mid |z|<L\}$ の閉包を含むある領域上で解析的で，原点以外に零点を持たないように正数 $L$ をとり，$|f(z)|$ の $C(L)=\{z\in\boldsymbol{C} \mid |z|=L\}$ 上での最小値を $M$ とおく．

(i)　$B(M)$ 上の解析関数 $g(w)$ を

$$g(w) = \frac{1}{2\pi\sqrt{-1}}\int_{C(L)} \frac{zf'(z)\,dz}{f(z)-w}$$

によって定義すれば，$f\circ g(w)=w$ $(w\in B(M))$ が成立し，$g: B(M)\to g(B(M))$ は解析的微分同相写像である．

(ii) $g(w)$ のベキ級数展開は

$$g(w)=\sum_{i=1}^{\infty}\frac{1}{i!}\left[\frac{d^{i-1}}{dz^{i-1}}\left(\frac{z}{f(z)}\right)^{i}\right]_{z=0}w^{i}$$

で与えられる.

**3** 次の線型微分方程式の初期値問題

$$\begin{cases}\dfrac{\partial^{m_k}u_k}{\partial t^{m_k}}-\displaystyle\sum_{i=1}^{N}\sum_{j+|\alpha|\leqq m_i-1}a_{j\alpha}{}^{ki}(t,z)\frac{\partial^{j+|\alpha|}u_i}{\partial t^j\partial z_1{}^{\alpha_1}\cdots\partial z_n{}^{\alpha_n}}=f_k(t,z),\\ \left.\dfrac{\partial^l u_k}{\partial t^l}\right|_{t=0}=h_l{}^k(z)\qquad\qquad (k=1,\cdots,N;\ l=0,\cdots,m_k-1)\end{cases}$$

において, $h_l{}^k(z)$ は $\boldsymbol{C}^n$ の領域 $\Omega$, $a_{j\alpha}{}^{ki}(t,z)$ と $f_k(t,z)$ は $\boldsymbol{C}\times\Omega=\{(t,z)\in\boldsymbol{C}^{1+n}\mid z\in\Omega\}$ で解析的であるならば, 解析的な解 $(u_1,\cdots,u_N)$ が $\boldsymbol{C}\times\Omega$ で存在する.

[ヒント] $\varepsilon>0$ に対し, $(t,z)\mapsto(\varepsilon t,z)$ と座標変換して定理 4.3 を使う.

**4** (初期値に関する解の連続依存性) 定理 4.3 において, 任意の正数 $\varepsilon$ に対し正数 $C_\varepsilon$ が存在して

$$\max_{\substack{(t,z)\in\overline{U}_{K,L'+2\varepsilon}\\ 1\leqq i\leqq N}}|u_i(t,z)|\leqq C_\varepsilon\Bigl(\max_{\substack{(t,z)\in\overline{U}_{K,L'+\varepsilon}\\ 1\leqq i\leqq N}}|f_i(t,z)|+\max_{\substack{z\in\overline{V}_{L'+\varepsilon}\\ 1\leqq i\leqq N;\,0\leqq j\leqq m_i-1}}|h_j{}^i(z)|\Bigr)$$

が成立する.

特に, 前問の場合には, $\boldsymbol{C}\times\Omega$ の点 $(\mathring{t},\mathring{z})$ と, その点の $\boldsymbol{C}\times\Omega$ に含まれるコンパクト近傍 $U$, $\mathring{z}$ の $\Omega$ 内でのコンパクト近傍 $V$ が任意に与えられたとき, 定数 $C$ が存在して,

$$\max_{1\leqq i\leqq N}|u_i(\mathring{t},\mathring{z})|\leqq C\Bigl(\max_{\substack{(t,z)\in U;\,0\leqq s\leqq 1\\ 1\leqq i\leqq N}}|f_i(st,z)|+\max_{\substack{z\in V\\ 1\leqq i\leqq N;\,0\leqq j\leqq m_i-1}}|h_j{}^i(z)|\Bigr)$$

となる.

**5** $h(z)$ を $\boldsymbol{C}$ 上で収束する 1 変数のベキ級数とするとき

$$\begin{cases}\dfrac{\partial u}{\partial t}-\dfrac{\partial^2 u}{\partial z^2}=0,\\ u|_{t=0}=h(z)\end{cases}$$

のベキ級数解がただ一つ存在するが, それは原点の近傍で収束するとは限らない.

**6** $\lambda$ を 0 と異なる複素数とするとき, $\boldsymbol{C}$ 上の解析関数 $h(z)$ を適当にとると

$$\begin{cases}\dfrac{\partial u}{\partial t}-\lambda z^2\dfrac{\partial u}{\partial z}=0,\\ u|_{t=0}=h(z)\end{cases}$$

の解が $\boldsymbol{C}^2$ 上の解析関数の中に存在しないことがある.

**7** 偏微分方程式

$$\begin{cases}\dfrac{\partial^2 u}{\partial t^2}-\dfrac{\partial u}{\partial z}=f(t,z),\\ u|_{t=0}=h^1(z),\qquad \left.\dfrac{\partial u}{\partial t}\right|_{t=0}=h^2(z)\end{cases}$$

において, $f(t,z)$, $h^1(z)$, $h^2(z)$ は解析関数とする. $h^1=h^2=0$ の場合の解が

$$u(t, z) = \frac{\sinh(t\sqrt{\partial/\partial z})}{\sqrt{\partial/\partial z}} \int_0^t \cosh(s\sqrt{\partial/\partial z}) f(s, z)\, ds$$

$$-\cosh(t\sqrt{\partial/\partial z}) \int_0^t \frac{\sinh(s\sqrt{\partial/\partial z})}{\sqrt{\partial/\partial z}} f(s, z)\, ds$$

と表わせることを示し，それを用いて一般の初期値に対する解を求めよ．ただし，解析関数 $v(t, z)$ に対し

$$\frac{\sinh(t\sqrt{\partial/\partial z})}{\sqrt{\partial/\partial z}} v(t, z) \equiv \sum_{k=0}^{\infty} \frac{t^{2k+1}}{(2k+1)\,!} \frac{\partial^k v}{\partial z^k}(t, z),$$

$$\cosh(t\sqrt{\partial/\partial z})\, v(t, z) \equiv \sum_{k=0}^{\infty} \frac{t^{2k}}{(2k)\,!} \frac{\partial^k v}{\partial z^k}(t, z)$$

と考えるが，これが定義可能であることも示せ．

［ヒント］ 定義可能性については，$v$ に関し Cauchy の積分公式を用いて上の無限階微分作用素をある積分核による積分変換に直してみよ．

**8**　$n$ 変数の1階の微分方程式

$$\sum_{i=1}^{n} a_i(z) \frac{\partial u}{\partial z_i} + b(z) u = f(z)$$

において，$a_i(z), b(z)$ は原点で解析的で $a_i(0)=0$ $(i=1, \cdots, n)$ となり，$(z_1, \cdots, z_n)$ に対する $a_1(z), \cdots, a_n(z)$ の関数行列の固有値の実数部分はすべて正であると仮定する．$b(0)$ の実数部分が正ならば，原点で解析的な $f(z)$ に対し解析的な解 $u(z)$ がただ一つ存在する．$b(0)=0$ の場合は，$f(0)=0$ の場合に限り，初期値 $u(0)$ を任意に与えた上で同様なことが成立する．

# 参考書

[1] C. Carathéodory: Variationsrechnung und Partielle Differentialgleichungen Erster Ordnung, Band I, Theorie der Partiellen Differentialgleichungen Erster Ordnung, 2te Auflage, Teubner, Leipzig, 1956. (英訳) Caluculus of Variations and Partial Differential Equations of the First Order, Part I, Partial Differential Equations of the First Order, Holden-Day, San Francisco-London-Amsterdam, 1965.

[2] E. Cartan: Leçons sur les Invariants Intégraux, Hermann, Paris, 1922.

[3] E. Cartan: Les Systèmes Différentiels Extérieurs et leurs Applications Géométriques, Actualités 994, Hermann, Paris, 1948.

[4] J. J. Duistermaat and L. Hörmander: Fourier integral operators. II, Acta Math., **128** (1972), 183-269.

[5] L. Hörmander: Fourier integral operators. I, Acta Math., **127** (1971), 79-183.

[6] 松田道彦: 外微分形式の理論, 数学選書, 岩波, 東京, 1976.

[7] M. Sato, T. Kawai and M. Kashiwara: Microfunctions and pseudo-differential equations, Hyperfunctions and Pseudo-differential Equations, Lecture Notes in Math. No. 287, Springer, Berlin-Heidelberg-New York, 1973, 265-529.

■岩波オンデマンドブックス■

岩波講座 基礎数学
解析学 (II) iii
1 階偏微分方程式

1977 年 4 月 4 日 第 1 刷発行
1988 年 4 月 4 日 第 3 刷発行
2019 年 10 月 10 日 オンデマンド版発行

著 者 大島利雄（おおしまとしお） 小松彦三郎（こまつひこさぶろう）

発行者 岡本 厚

発行所 株式会社 岩波書店
〒101-8002 東京都千代田区一ツ橋 2-5-5
電話案内 03-5210-4000
https://www.iwanami.co.jp/

印刷／製本・法令印刷


ISBN 978-4-00-730936-6 Printed in Japan